“一带一路”生态环境遥感监测丛书

“一带一路”
西亚区生态环境遥感监测

高志海　李增元　滑永春　李晓松等　著

科学出版社
北　京

内 容 简 介

本书通过对西亚区域土地利用/土地覆盖状况、光温水条件和主要生态资源分布状况监测，系统分析了该区域的生态系统状况，并对该区域“一带一路”建设存在的主要生态环境限制因素进行了分析。利用城市建成区不透水层分布信息、10km 缓冲区土地覆盖状况和城市夜间灯光数据变化，对“一带一路”西亚区域重要节点城市的发展水平进行了评价；以新亚欧大陆桥西亚段 100km 缓冲区（西亚廊道）为对象，从廊道内部的光温水条件、土地利用/土地覆盖状况出发，分析了廊道内主要生态资源分布和节点城市发展状况，并分析廊道各段存在的地形、气候、灾害、自然保护等约束因素，进而为廊道基础设施建设提供决策依据。

本书可供从事生态环境研究和遥感应用研究的科研人员以及“一带一路”倡议实施中基础设施建设和生态环境保护决策参考。

审图号：GS(2019)2838 号

图书在版编目（CIP）数据

“一带一路”西亚区生态环境遥感监测 / 高志海等著．— 北京：科学出版社，2020.10

（“一带一路”生态环境遥感监测丛书）

ISBN 978-7-03-051280-2

Ⅰ.①一 Ⅱ.①高… Ⅲ.区域生态环境－环境遥感－环境监测－西亚 Ⅳ.①X87

中国版本图书馆 CIP 数据核字 (2016) 第 320028 号

责任编辑：董 墨 朱 丽 / 责任校对：何艳萍

责任印制：吴兆东 / 封面设计：图阅社

科学出版社 出版

北京东黄城根北街 16 号

邮政编码 :100717

http://www.sciencep.com

北京建宏印刷有限公司 印刷

科学出版社发行 各地新华书店经销

*

2020 年 10 月第 一 版 开本：787 × 1092 1/16

2020 年 10 月第一次印刷 印张：7 3/4

字数：184 000

定价：99.00 元

（如有印装质量问题，我社负责调换）

“一带一路”生态环境遥感监测丛书
编委会

《“一带一路”西亚区生态环境遥感监测》编写者名单

高志海　李增元　滑永春　李晓松

姬翠翠　吴俊君　孙　斌　丁相元

王琫瑜　白黎娜

丛书出版说明

2013年9月和10月，习近平主席在出访中亚和东南亚国家期间，先后提出了共建“丝绸之路经济带”和“21世纪海上丝绸之路”（简称“一带一路”）的重大倡议。2015年3月28日，国家发展和改革委员会、外交部和商务部联合发布《推动共建丝绸之路经济带和21世纪海上丝绸之路的愿景与行动》（简称“愿景与行动”），“一带一路”倡议开始全面推进和实施。

“一带一路”陆域和海域空间范围广阔，生态环境的区域差异大，时空变化特征明显。全面协调“一带一路”建设与生态环境保护之间的关系，实现相关区域的绿色发展，亟需利用遥感技术手段快速获取宏观、动态的“一带一路”区域多要素地表信息，开展生态环境遥感监测。通过获取“一带一路”区域生态环境背景信息，厘清生态脆弱区、环境质量退化区、重点生态保护区等，可为科学认知区域生态环境本底状况提供数据基础；同时，通过遥感技术快速获取“一带一路”陆域和海域生态环境要素动态变化，发现其生态环境时空变化特点和规律，可为科学评价“一带一路”建设的生态环境影响提供科技支撑；此外，重要廊道和节点城市高分辨率遥感信息的获取，还将为开展“一带一路”建设项目投资前期、中期、后期生态环境监测与评估，分析其生态环境特征、发展潜力及可能存在的生态环境风险提供重要保障。

在此背景下，国家遥感中心联合遥感科学国家重点实验室于2016年6月6日发布了《全球生态环境遥感监测2015年度报告》，首次针对“一带一路”开展生态环境遥感监测工作。年报秉承“一带一路”倡议提出的可持续发展和合作共赢理念，针对“一带一路”沿线国家和地区，利用长时间序列的国内外卫星遥感数据，系统生成了监测区域现势性较强的土地覆盖、植被生长状态、农情、海洋环境等生态环境遥感专题数据产品，对“一带一路”陆域和海域生态环境、典型经济合作走廊与交通运输通道、重要节点城市和港口开展了遥感综合分析，取得了系列监测结果。因年度报告篇幅有限，特出版《“一带一路”生态环境遥感监测丛书》作为补充。

丛书基于“一带一路”国际合作框架，以及“一带一路”所穿越的主要区域的地理位置、自然地理环境、社会经济发展特征、与中国交流合作的密切程度、陆域和海域特点等，分为蒙俄区（蒙古和俄罗斯区）、东南亚区、南亚区、中亚区、西亚区、欧洲区、非洲东北部区、海域、海港城市共9个部分，覆盖100多个国家和地区，针对陆域7大区域、

6 个经济走廊及 26 个重要节点城市的生态环境基本特征、土地利用程度、约束性因素等，以及 12 个海区、13 个近海海域和 25 个港口城市的生态环境状况进行了系统分析。

丛书选取 2002—2015 年期间的 FY、HY、HJ、GF 和 Landsat、Terra/Aqua 等共 11 种卫星、16 个传感器的多源、多时空尺度遥感数据，通过数据标准化处理和模型运算生成 31 种遥感产品，在“一带一路”沿线区域开展土地覆盖、植被生长状态与生物量、辐射收支与水热通量、农情、海岸线、海表温度和盐分、海水浑浊度、浮游植物生物量和初级生产力等要素的专题分析。在上述工作中，通过一系列关键技术协同攻关，实现了“一带一路”陆域和海域上的遥感全覆盖和长时间序列的监测；实现了国产卫星与国外卫星数据的综合应用与联合反演多种遥感产品；实现了遥感数据、地表参数产品与辅助分析决策的无缝链接，体现了我国遥感科学界在突破大尺度、长时序生态环境遥感监测关键技术方面取得的创新性成就。

丛书由来自中国科学院遥感与数字地球研究所、中国科学院地理科学与资源研究所、国家海洋局第二海洋研究所、中国林业科学研究院资源信息研究所、北京师范大学、清华大学、中国科学院烟台海岸带研究所、中国科学院新疆生态与地理研究所等 8 家单位的 9 个研究团队共 50 余位专家编写。丛书凝聚了国家高技术研究发展计划（863 计划）等科技计划研发成果，构建了“一带一路”倡议启动期的区域生态环境基线，展示了这一热点领域的最新研究成果和技术突破。

丛书的出版有助于推动国际间相关领域信息的开放共享，使相关国家、机构和人员全面掌握“一带一路”生态环境现状和时空变化规律；有助于中国遥感事业为“一带一路”沿线各国不断提供生态环境监测服务，支持合作框架内有关国家开展生态环境遥感合作研究，共同促进这一区域的可持续发展。

中国作为地球观测组织 (GEO) 的创始国和联合主席国，通过 GEO 合作平台，有意愿和责任向世界开放共享其全球地球观测数据，并努力提供相关的信息产品和服务。丛书的出版将有助于 GEO 中国秘书处加强在“一带一路”生态环境遥感监测方面的工作，为各国政府、研究机构和国际组织研究环境问题和制定环境政策提供及时准确的科学信息，进而加深国际社会和广大公众对“一带一路”生态建设与环境保护的认识和理解。

李加洪　刘纪远

2016 年 11 月 30 日

前　言

“一带一路”西亚区域范围广阔，自然环境复杂多样。该地区气候干旱，水资源贫乏，地形以高原为主，土地沙漠化严重，沙尘暴、干旱高温等自然灾害频发，生态环境极其脆弱。全面协调“一带一路”建设与生态环境可持续发展，亟需利用遥感技术手段快速获取宏观、动态的全球及区域多要素地表信息，开展生态环境遥感监测。通过获取“一带一路”西亚区域生态环境背景信息，厘清生态脆弱区、环境质量退化区、重点生态保护区等，为科学认知区域生态环境本底状况提供数据基础；通过遥感技术快速获取生态环境要素动态变化信息，分析生态因子时空变化特点和规律，为科学评价“一带一路”建设生态环境影响提供科技支撑；通过对重要廊道和节点城市高分辨率遥感信息的获取，为开展“一带一路”建设项目投资前期、中期、后期生态环境监测与评估，分析生态环境特征、发展潜力及生态风险提供重要保障。相关成果还可为“一带一路”倡议的相关规划编制、实施方案制定等提供现势性和基础性的生态本底信息，也可作为“一带一路”倡议实施过程中的生态环境动态监测评估的基准。数据产品将无偿与相关国家和国际组织共享，共同促进区域可持续发展。

本书通过对从西亚区域范围到经济走廊再到重要节点城市的生态环境状况监测，实现了面-线-点的层层深入分析。秉承“一带一路”倡议提出的可持续发展和合作共赢理念，本书利用“一带一路”西亚区域的土地覆盖、植被生长状态、农情、环境等方面的生态环境遥感专题数据产品，分析了西亚区域、中国－中亚－西亚经济走廊西亚段及10个重要节点城市的生态环境基本特征、土地开发利用程度、约束性因素等，取得了非常有意义的系列监测成果。因缺少巴勒斯坦和以色列间明确的国家界线，书中图件只标注了两个国家的名称，没有界线展示，数据统计将两个国家作为一个整体对待。

全书共分为5章，第1章西亚生态环境特点与社会经济发展背景，由高志海、李增元、滑永春等编写；第2章西亚主要生态资源分布与生态环境限制，由李晓松、姬翠翠、滑永春、高志海等编写；第3章西亚区“一带一路”重要节点城市，由高志海、丁相元、滑永春、孙斌等编写；第4章西亚区典型经济合作走廊和交通运输通道，由王琫瑜、白黎娜、孙斌等编写；第5章结论，由高志海、李增元、吴俊君编写。全书由高志海、滑永春、吴俊君统合定稿。

本书研究工作依托科技部组织的“2015年全球生态环境遥感监测年度报告”项目开

展，在成书过程中得到科技部国家遥感中心李加洪总工程师、张松梅处长、张瑞、范贝贝和欧阳晓莹以及遥感科学国家重点实验室牛峥研究员、柳钦火研究员等的指导和支持，科学出版社编辑为本书的出版付出了辛勤的劳动，并提出了许多建设性的意见和建议，参与项目的其他专家为本书的出版也做出了极大的贡献，在此一并表示衷心的感谢。

由于作者的水平有限，书中难免有疏漏和不足，敬请读者和同行专家批评指正。

高志海

2019 年 10 月 25 日

目　录

第1章　西亚生态环境特点与社会经济发展背景

西亚是连接亚洲、非洲、欧洲三大洲，沟通两洋五海重要的交通枢纽，既是陆上“丝绸之路经济带”的重要组成部分，又有许多“海上丝绸之路”沿线港口，是“一带一路”的交汇之地。现阶段，西亚正处于调整单一经济结构，改善基础设施的发展阶段，与中国经济结构有着良好的互补，积极利用现有双边和多边合作机制，借助中阿合作论坛、中国–阿拉伯博览会等相关国际论坛与展会，不断加深投资、贸易、文化交流等活动，对推动“一带一路”建设，促进区域合作蓬勃发展具有深远意义。

1.1　区位特征

1.1.1　西亚是“一带一路”陆域的交汇地和关键节点

西亚又称西南亚，位于亚洲、非洲、欧洲三大洲的交汇地区，地处阿拉伯海、红海、地中海、黑海和里海（内陆湖）之间，被称为“三洲五海之地”。其西部的土耳其海峡是黑海出入地中海的门户，霍尔木兹海峡是波斯湾石油海上运输的唯一出口，航运十分发达。所以，西亚在全球经济贸易中有着十分重要的战略地位（图 1-1）。通过参与“一带一路”建设，西亚国家可以加强与亚、欧、非国家的经贸往来巩固其枢纽地位，对西亚传统商品贸易和人员交流枢纽作用的升级十分重要。

当前，中国高度重视与西亚国家发展双边和多边合作，全面提升与西亚国家的合作内涵，如“中国－海湾自贸区”谈判、中国－伊朗的基础建设合作项目等，也期望利用亚投行等多边机制，促进西亚地区的投资贸易和基础设施建设。2016 年初，习近平主席出访了沙特阿拉伯、埃及和伊朗三国，发表了中国与沙特阿拉伯、伊朗建立全面战略伙伴关系联合声明，与三国分别签订了共同推进“一带一路”建设及开展产能合作的谅解备忘录，推进了中国与西亚的全面合作和快速发展。

1.1.2　新亚欧大陆桥南线是“一带一路”的重要通道

古“丝绸之路”从中国西安出发，沿河西走廊出新疆，经过中亚和西亚到达欧洲。当今时代，西亚仍然是中国乃至东亚的物资和人员通往欧洲、非洲的重要通道，是新亚欧大陆桥南线铁路的必经之地。该铁路从中国新疆的阿拉山口出境，穿越中亚经伊朗的马什哈德、德黑兰通往土耳其的安卡拉和伊斯坦布尔，最终到达欧洲，是西亚东连东亚和中亚、西接欧洲的重要通道。

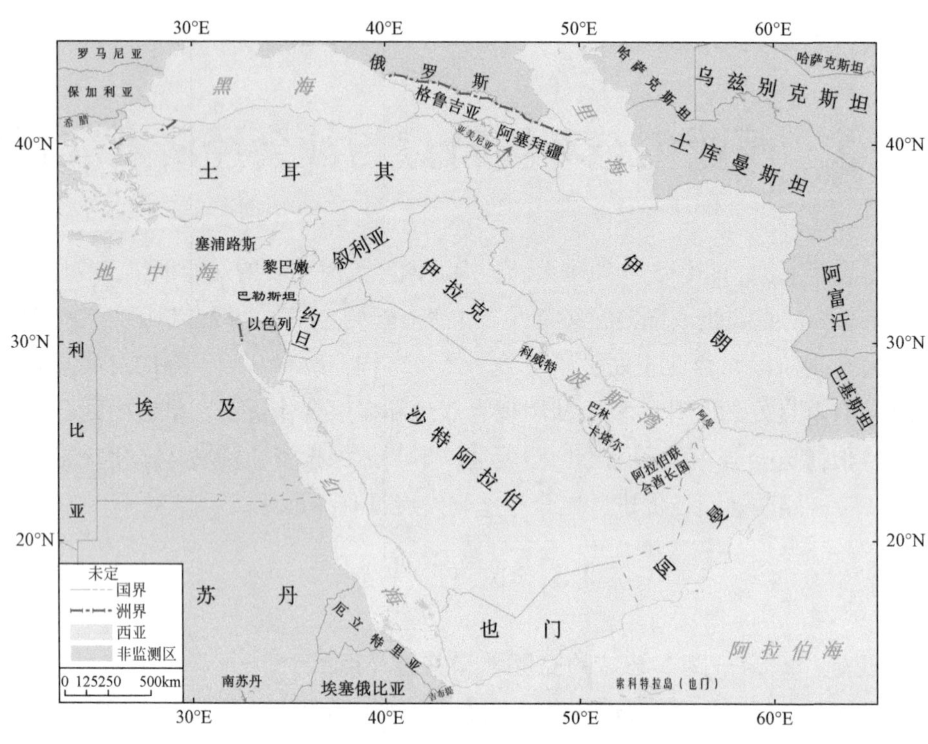

图 1-1　西亚地区范围及其国家组成

1.2　自然地理特征

西亚地理位置介于 12°35′N ～ 43°34′N，26°16′E ～ 74°56′E 之间，包括伊朗高原、阿拉伯半岛、美索不达米亚平原、小亚细亚半岛等，包括伊朗、伊拉克、阿塞拜疆、格鲁吉亚、亚美尼亚、土耳其、叙利亚、约旦、以色列、巴勒斯坦、沙特阿拉伯、巴林、卡塔尔、也门、阿曼、阿拉伯联合酋长国（以下简称"阿联酋"）、科威特、黎巴嫩、塞浦路斯等 19 个国家，土地总面积约 618.80 万 km^2，占亚洲总面积的 13.88%。

1.2.1　地形地貌

西亚地形以高原为主（图 1-2），中部的美索不达米亚平原，位于底格里斯河及幼发拉底河之间，又称两河平原，土壤肥沃，灌溉便利，农业发达。东部为伊朗高原，北部的亚美尼亚火山高原和小亚细亚半岛的安纳托利亚高原，都是被阿尔卑斯－喜马拉雅运动时期形成的褶皱山脉所环绕的内陆高原，其边缘分布有许多高大山系。西南部的阿拉伯半岛是古老平坦台地式高原，除西南和东南部分布少部分山地外，中部为广袤的沙漠。西亚的高原上有大面积的熔岩台地，也有众多火山分布，外力地貌以干旱风沙地貌为主，沙漠广布。

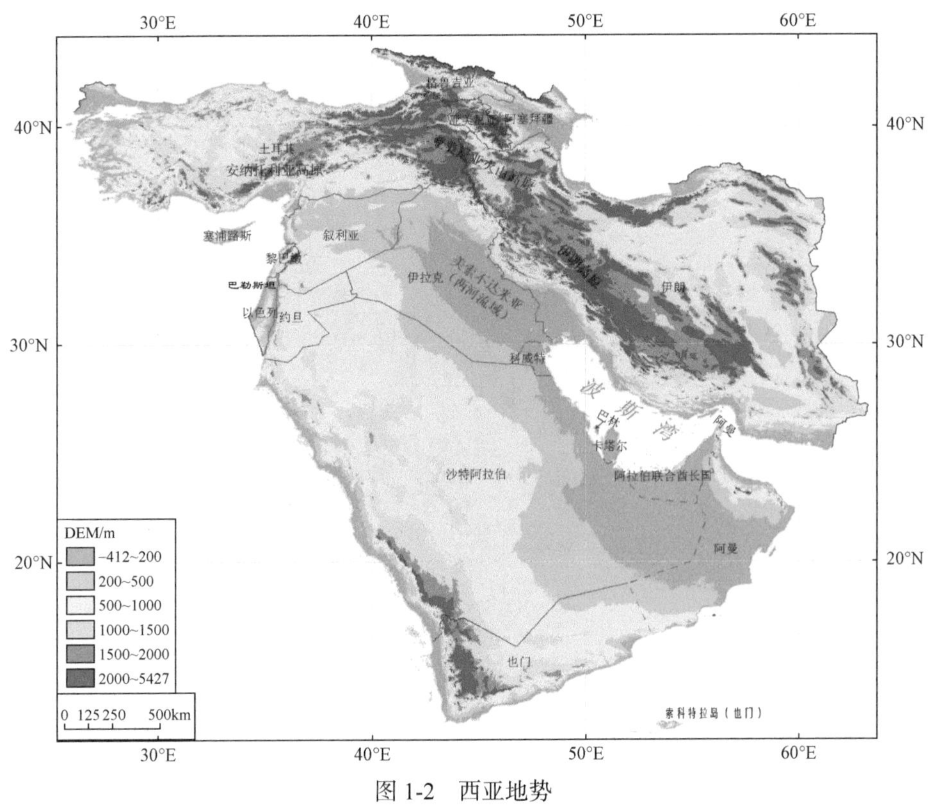

图 1-2　西亚地势

1.2.2　气候

西亚大部分地区降水稀少，气候干旱，水资源短缺，草原和沙漠广布。北回归线从该区中部穿过，大部分地区处于副热带高压和干燥的东北信风控制之下，加之，西南紧临干旱的北非，高原边缘有高大山系环绕，所以气候干燥，多属热带和亚热带沙漠气候。降水很少，蒸发强烈，年降水量多在 250mm 以下，部分山地和地中海沿岸地带降水超过 500mm。从区域气候特征看，西部地中海沿岸为冬雨夏干的地中海式气候；阿拉伯半岛是典型的干旱热带沙漠气候，降水稀少，是世界著名的干旱区。具体气候类型分布见图 1-3。

1.2.3　水文

西亚最大的河流水系是底格里斯 - 幼发拉底河，两河均源自土耳其东部山区，源头相距仅 80km。两河沿东南方向流经叙利亚北部和伊拉克，之后合流成阿拉伯河注入波斯湾。幼发拉底河全长约 2800km，底格里斯河全长约 1900km。除幼发拉底河和底格里斯河外，其他多为短小河流，大多发源于高原边缘山地，靠冰川融水补给，水量小，季节变化大。源于叙利亚境内赫尔蒙山的约旦河，向南流经以色列，在约旦境内注入死海，

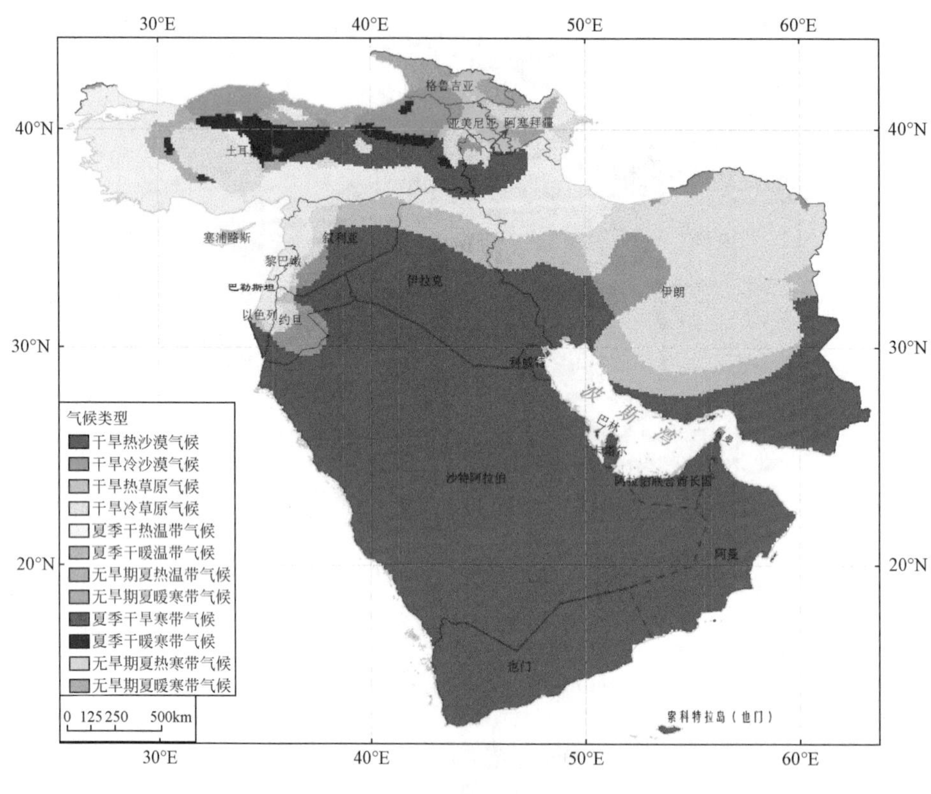

图 1-3　西亚气候类型分布

全长约 360km，是世界上海拔最低的河流。位于巴勒斯坦和约旦交界处的死海，也是世界上盐度最大、海拔最低的咸水湖（最低点 -415m）。

西亚国家水资源匮乏，对国家安全构成严重威胁，沙特阿拉伯、阿曼、卡塔尔、科威特、巴林、也门和阿联酋属无流国，海水淡化和地下水是其主要的用水来源。

1.2.4　植被

西亚大部分地区属热带和亚热带荒漠、半荒漠，植被稀疏，种类少，多为耐旱的灌木、小灌木和短生植物。森林主要分布在向风多雨的山地，如伊朗的扎格罗斯山脉和厄尔布尔士山脉，地中海沿岸有亚热带常绿阔叶林分布。绿洲多分布在沿海低地以及干河床沿岸等水分较充足地区，绿洲上生长的枣椰林是该区域独特的植被景观。具体各区的植被类型分布见图 1-4。

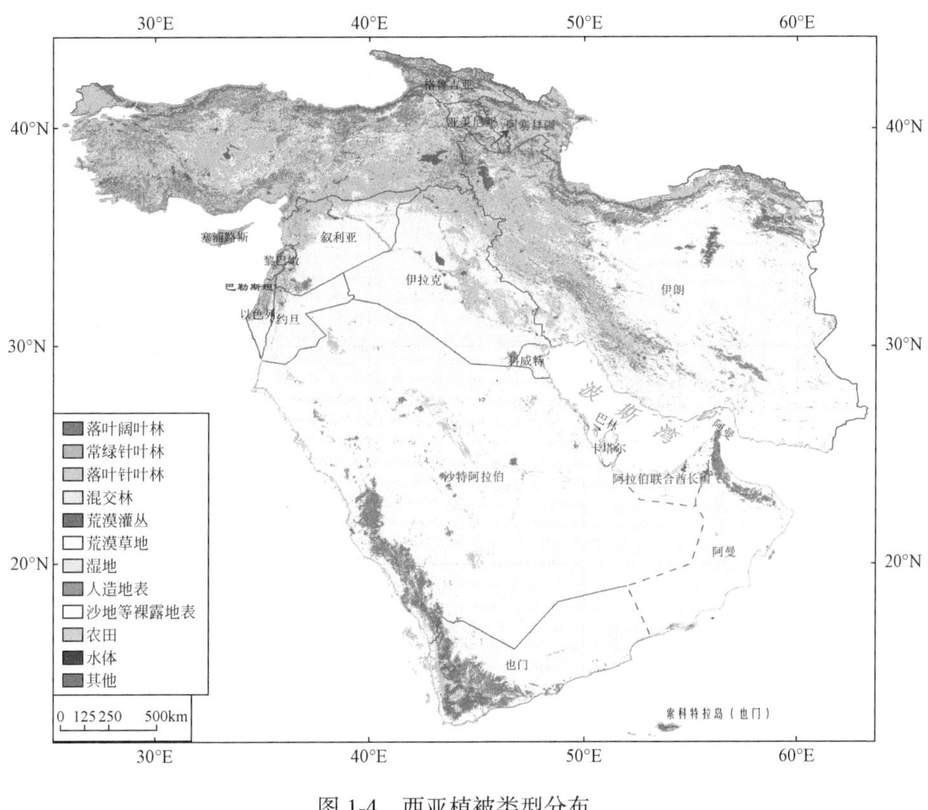

图 1-4　西亚植被类型分布

1.3　社会经济发展状况

1.3.1　人口、民族与宗教

2014 年西亚人口为 3.26 亿，其中伊朗和土耳其人口最多，分别为 0.78 亿和 0.76 亿，分别占西亚人口的 23.9% 和 23.3%，合计达 47.2%，接近一半。自 2000 年以来，西亚人口总体呈增长趋势（图 1-5），增长率高于世界平均水平，但西亚仍是世界上人口最稀疏地区之一，人口密度平均为 50 人 /km^2，人口分布极不平衡，地中海沿岸、两河平原人口最为稠密，沙漠地区人烟稀少。巴林是西亚人口密度最大的国家，人口密度高达 2243 人 /km^2；阿曼是西亚人口密度最低的国家，人口密度仅为 16 人 /km^2；沙特阿拉伯是西亚面积最大的国家，为 225 万 km^2，人口 0.31 亿，人口密度平均 18 人 /km^2。

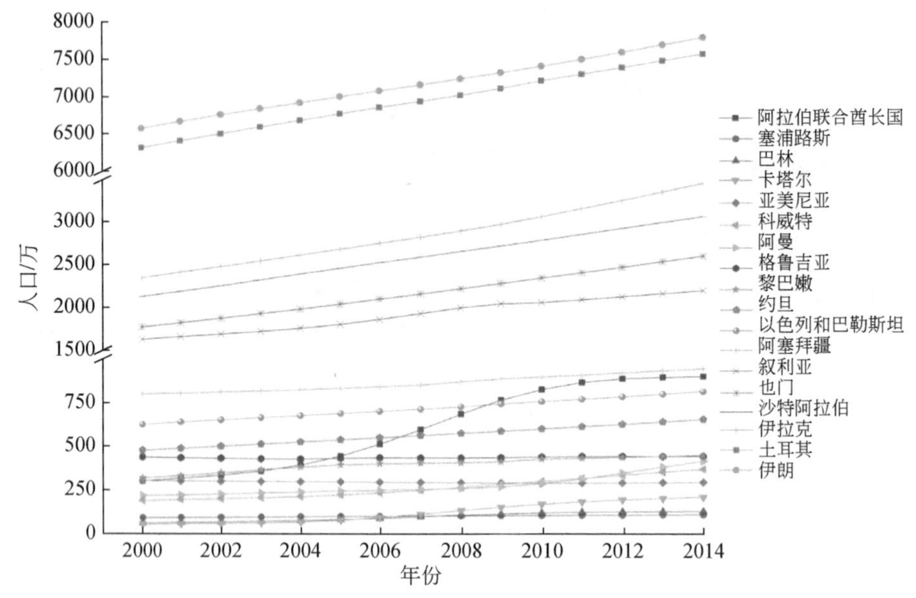

图 1-5 2000 ～ 2014 年西亚各国（地区）人口变化曲线

西亚的主要居民有阿拉伯人、波斯人、土耳其人、库尔德人和犹太人等，其中阿拉伯人分布最为广泛，约占西亚人口的一半以上，集中分布在中、南部的阿拉伯半岛、美索不达米亚平原和地中海沿岸各国；小亚细亚半岛多为土耳其人，伊朗高原以波斯人为主，库尔德人主要分布在土耳其东部、叙利亚北部和伊拉克北部；以色列是世界犹太人的主要聚居区（约占 83%），塞浦路斯主要由希腊人和土耳其人组成，外高加索地区居住着阿塞拜疆人、格鲁吉亚人和亚美尼亚人等。

西亚是伊斯兰教、基督教和犹太教的发源地，绝大部分居民信仰伊斯兰教，伊斯兰教对社会发展和人民的生活有着深刻影响。犹太人主要信仰犹太教。耶路撒冷被伊斯兰教、基督教和犹太教奉为圣城，麦加是伊斯兰教的圣城。

1.3.2 社会经济状况

（1）主要优势资源

西亚是世界上石油储量最丰富、产量最大和出口量最多的地区，有“世界油极”之称。西亚的石油储量约占世界石油总储量的一半，产量占到世界石油总产量的近 1/3，出口量占到世界出口总量的一半左右。西亚所产石油的 90% 以上供出口，主要出口到美国、中国、西欧和日本等国。西亚石油主要分布在波斯湾及其沿岸地区，石油储量大、埋藏浅、油质好、易开采。沙特阿拉伯、伊朗、科威特、伊拉克和阿联酋是世界重要产油国。另外，里海沿岸的阿塞拜疆也是重要产油区。西亚不仅石油储量巨大，天然气储量也是十分惊人，西亚的天然气总储量占世界天然气总储量的 40% 以上，伊朗、卡塔尔天然气储量位于全球第二和第三（表 1-1）。

表 1-1　2014 年西亚石油及天然气探明储量及占世界比例

西亚国家	石油		天然气	
	储量 / 亿 t	占世界比例 /%	储量 / 亿 m^3	占世界比例 /%
伊朗	215.24	9.53	339991	17.25
卡塔尔	34.43	1.52	246659	12.51
沙特阿拉伯	362.54	16.05	83119	4.22
阿联酋	133.40	5.91	60873	3.09
伊拉克	196.70	8.71	31561	1.6
科威特	138.45	6.13	17829	0.9
阿塞拜疆	9.55	0.42	9905	0.5
阿曼	7.03	0.31	7050	0.36
也门	4.09	0.18	4783	0.24
叙利亚	3.41	0.15	0	0
合计	1104.84	48.91	801770	40.67

西亚农业开发历史悠久，受气候影响，灌溉农业地位重要。主要粮食作物以小麦、大麦、豆类为主。经济作物以棉花、烟草、甜菜等种植较多。干鲜果品和畜产品是重要的出口产品，如椰枣、榛子、阿月浑子、石榴、油橄榄、紫羔羊，安卡拉山羊等。耕地集中在沿海、河谷和绿洲地带，山地、高原的草原牧场以畜牧业为主。农产品自给率低，成为世界农牧产品主要进口区之一。

（2）经济发展状况

西亚国家可分为两种经济发展类型，即石油输出国和非石油输出国。

石油输出国包括沙特阿拉伯、阿联酋、卡塔尔、巴林、科威特、伊拉克、伊朗和阿曼 8 国，石油和天然气是这些国家的经济命脉，石油业在国民生产总值、国民收入和出口中的比重都居绝对优势，且建筑业、运输业、加工业和商业都是以石油生产为其发展基础。二战后这些国家经济增长迅速，人均国民生产总值居世界前列。然而，单一的经济结构易受国际市场，特别是能源市场波动的影响，为此，这些国家正在调整经济发展战略，逐步向多样化方向发展。

非石油输出国中，土耳其、叙利亚等农业发展条件最为优越，矿产资源种类相对较多、储量较大，属于初级农矿产品出口经济；约旦、黎巴嫩、塞浦路斯、也门等国既无丰富的油气资源，也无种类较多的金属、非金属矿产资源，国土面积小，人口少，属于农业经济型国家。以色列是西亚唯一的发达国家，以高新技术产业举世闻名，在军事科技、节水农业、电子、通信、计算机软件、医疗器械、生物工程、航空等领域具有先进的技术水平。

由图 1-6 可以看出，土耳其和沙特阿拉伯是西亚地区 GDP 最大的两个国家，2014 年分别达到了 7995.35 亿美元和 7462.49 亿美元。阿塞拜疆是 GDP 增速最快的国家，在 2000 ～ 2014 年，年均 GDP 增长了 20.90%。除叙利亚和也门，其他国家 GDP 在 2000 ～ 2014 年都不同程度地得到增长。从人均 GDP 看，卡塔尔和巴林最高，且增速较快；亚美尼亚最低，且十多年只有小幅变化。

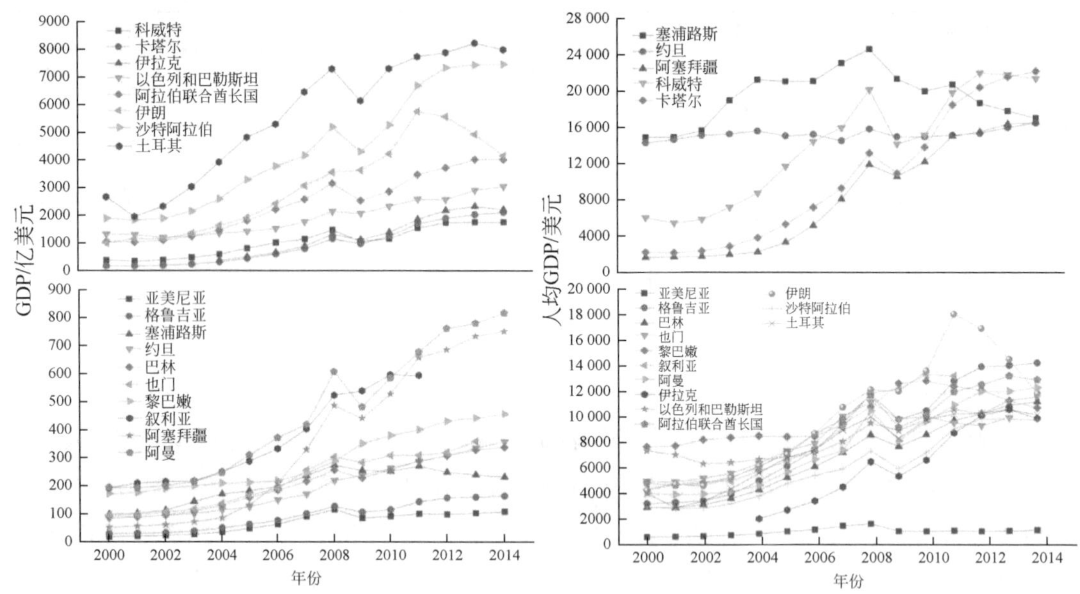

图 1-6　2000 ～ 2014 年西亚各国（地区）GDP 总值和人均 GDP 变化曲线

（3）与中国贸易状况

西亚既是“丝绸之路经济带”的重要组成部分，也拥有“21 世纪海上丝绸之路”沿线的许多港口，是“一带一路”的交汇之地（Balassa，1989）。中国与西亚的产业竞争性弱，中国优势产品以工业制成品为主，西亚则拥有能源资源优势，两地优势产品类目鲜有重叠，各类产品的竞争优势差距明显，双方表现出较强的贸易互补性。20 世纪 90 年代起，随着中国对西亚石油进口的快速增加和国际石油价格的高位运行，以及中国工业产品的制造生产及出口能力的显著提高，中国与西亚的双边贸易规模迅速扩大。中国同西亚各国（地区）的贸易总额在 2000 ～ 2014 年间年均增长 22.65%，出口总额年均增长 23.35%，进口总额年均增长 22.09%（图 1-7）。2011 年，中国已超越日本，成为仅次于欧盟的西亚第二大商品贸易伙伴。西亚地区是中国最主要的石油资源供应地，2014 年中国从西亚进口石油占总进口量的 51.87%，沙特阿拉伯、伊拉克、伊朗、阿联酋、科威特和卡塔尔等是中国主要的石油供应国（图 1-8、图 1-9）。

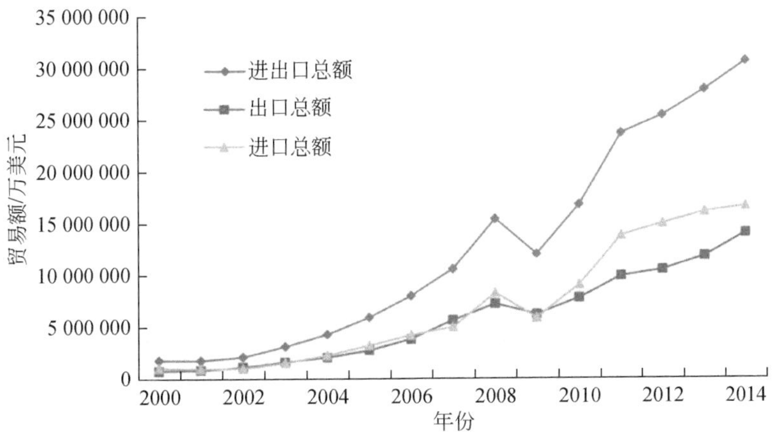

图 1-7　西亚与中国 2000 ～ 2014 年进出口贸易额变化

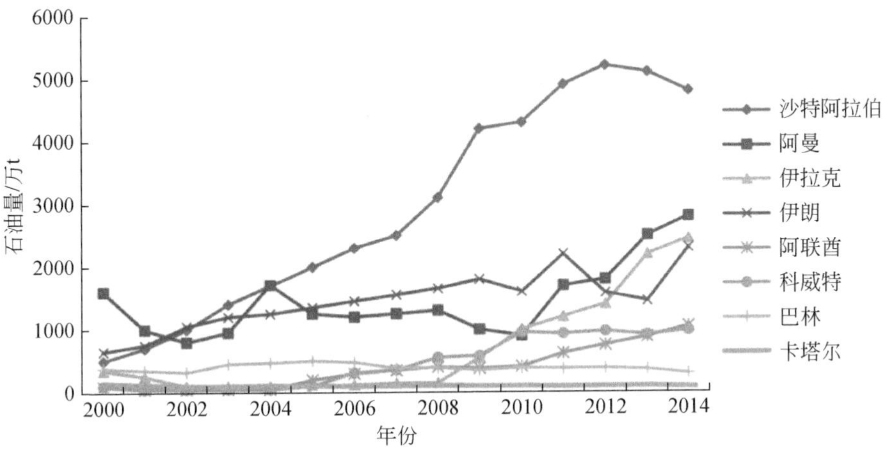

图 1-8　2000 ～ 2014 年西亚主要国家向中国出口石油量变化

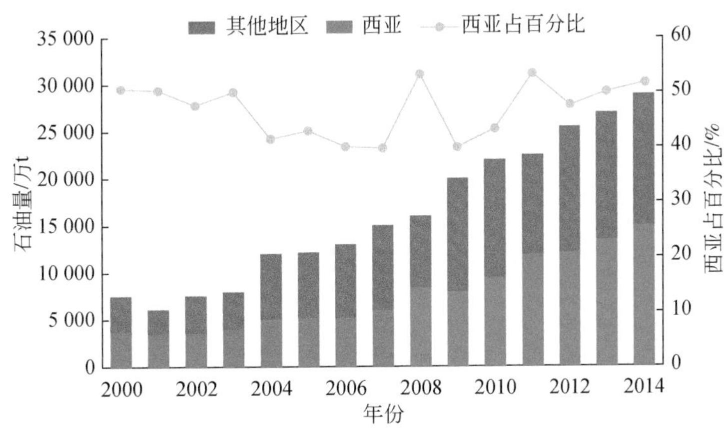

图 1-9　中国从西亚进口石油量及占总进口量百分比

1.3.3 城市发展状况

夜间灯光指数是研究人类活动及其影响的有力工具，可以对城市的发展状况进行有效的监测。由图 1-10 和图 1-11 可以看出西亚地区 2000 ～ 2013 年城市的发展变化过程。

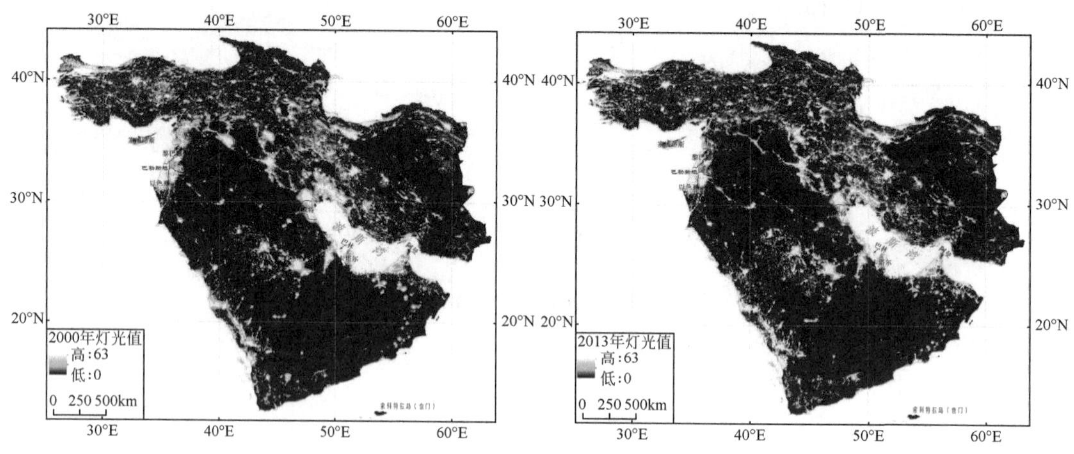

图 1-10　西亚地区 2000 年和 2013 年灯光指数分布

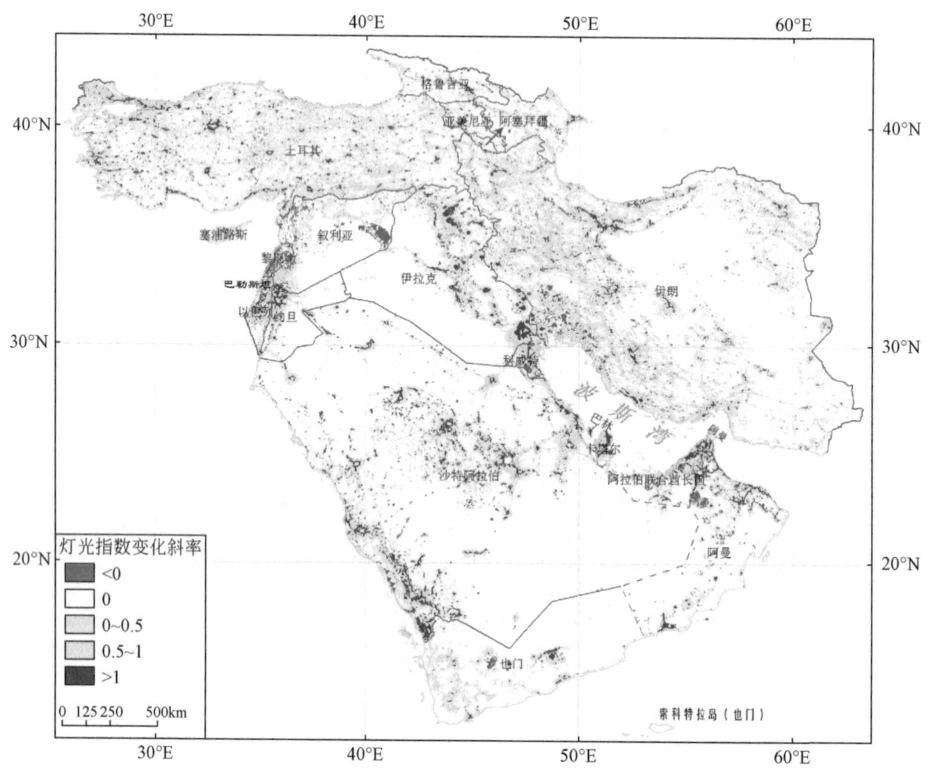

图 1-11　西亚地区 2000 ～ 2013 年灯光指数变化速率

其中，叙利亚、黎巴嫩、也门灯光指数值在降低，反映出三个国家的城市发展处于衰退状态，与社会不稳定和战乱等因素有直接的关系；伊朗的城市拓展不平衡，有的地区城市处于发展状态，有的区域城市出现停滞；阿曼城市发展重心逐渐向东北方向移动；其他西亚国家的城市均有不同程度发展，其中沙特阿拉伯城市发展最为明显。

1.4　小　　结

西亚地处两洋三洲五海之地，自古就是东西方交通的要道，更是现代陆海空交通的重要枢纽地带，战略地位十分重要。该区域气候干旱，水资源短缺，植被稀疏，沙漠广布，生态环境极其脆弱。但石油、天然气资源丰富，波斯湾及里海沿岸是世界著名的石油产区。西亚地区宗教和民族矛盾复杂，也是局势最动荡的地区之一。中国与西亚的友谊源远流长，经贸往来密切，中华文明与伊斯兰文明相互交流、借鉴，共同为人类发展与进步做出了重要贡献。因此，一个安全稳定的西亚对“一带一路”倡议的实施具有十分重要的战略意义。

第 2 章　西亚主要生态资源分布与生态环境限制

西亚地区自然资源禀赋不一，分布极不均衡，一方面，有着全球最为丰富的石油和天然气资源；另一方面，气候干旱，降水稀少，沙漠分布广泛，生态环境脆弱。有限的生态资源和恶劣的环境条件严重制约着该区域经济社会的发展。本章通过对该区域生态环境的遥感监测，科学地分析和评价了区域生态资源和环境状况，以及人类活动对生态环境的影响，为生态环境保护和合理的经济开发提供科学依据。

2.1　土地覆盖与土地开发

2.1.1　土地覆盖类型

（1）土地覆盖的主要类型是农田和裸地

西亚地区土地覆盖类型多样，主要有农田、森林、草地、灌丛、水体、人造地表、裸地和冰雪等。其中，以裸地和农田面积最大，约占土地总面积的四分之三（图 2-1、图 2-2）。2014 年西亚地区裸地总面积为 377.69 万 km^2，占西亚土地总面积的 61.03%，人均面积为 1.16hm^2，主要分布在伊朗东部与阿拉伯半岛大部；农田总面积为 94.93 万 km^2，占西亚陆地总面积的 15.34%，人均面积为 0.29hm^2，集中分布在沿海、河谷地带及沙漠绿洲；森林总面积为 19.16 万 km^2，占西亚陆地总面积的 3.10%，人均面积为 0.06hm^2，主要分布于西亚北部向风多雨的山地；草地总面积为 66.47 万 km^2，占西亚总面积的 10.74%，人均面积为 0.20hm^2，主要分布在北部的高原及山地；灌丛总面积为 52.05 万 km^2，占西亚总面积的 8.41%，人均面积为 0.16hm^2，主要分布在北部的高原荒漠地区及阿拉伯半岛南缘及西缘地区。人造地表、水体和冰雪类型的占地面积较小，分别为 4.76 万 km^2、3.64 万 km^2 和 0.1 万 km^2。

（2）不同国家间土地覆盖类型结构差异大

西亚各国（地区）土地覆盖类型的组成差异显著（图 2-3、表 2-1）。沙特阿拉伯、阿曼、阿联酋、科威特和伊拉克等国家的土地覆盖类型以裸地为主，分布着鲁卜哈利沙漠、内夫得沙漠和代赫纳沙漠，植被覆盖度低。塞浦路斯、阿塞拜疆、土耳其和黎巴嫩以农田覆盖为主，农田占地面积分别为 5408.19km^2、41678.81km^2、328507.19km^2 和 4619.00km^2，占其国土面积的比例分别为 56.99%、51.15%、42.55% 和 44.47%。格鲁吉亚以森林覆盖为主，面积达 29152.13km^2，占国土总面积的 41.72%，土耳其森林面积也

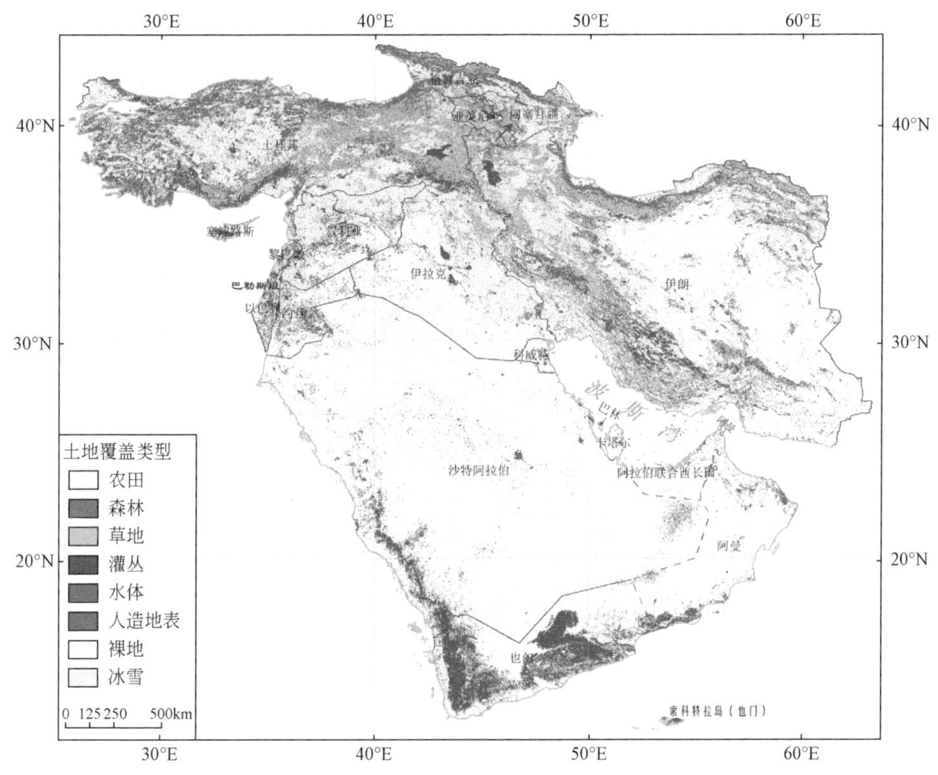

图 2-1　西亚 2014 年土地覆盖类型分布

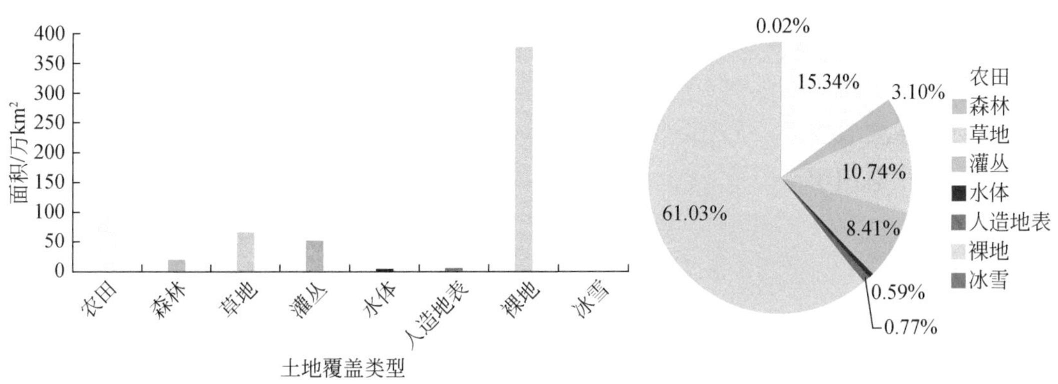

图 2-2　西亚 2014 年土地覆盖类型面积及占地比例

较大，达 123792.06km²，但因国土面积大，森林占地比例并不高，仅 16.04%。亚美尼亚以草地为主要覆盖类型，面积达 16218.69km²，占国土总面积的 47.63%，伊朗和黎巴嫩的草地面积也较大，占地面积分别为 307575.00km² 和 2101.44km²，分别占其国土面积的 18.51% 和 20.23%。巴林国土面积较小，其主要土地覆盖类型除裸地外即为人造地表，占地比例高达 38.37%。灌丛主要分布于也门，面积达 150265.50km²，占国土面积的 35.66%。

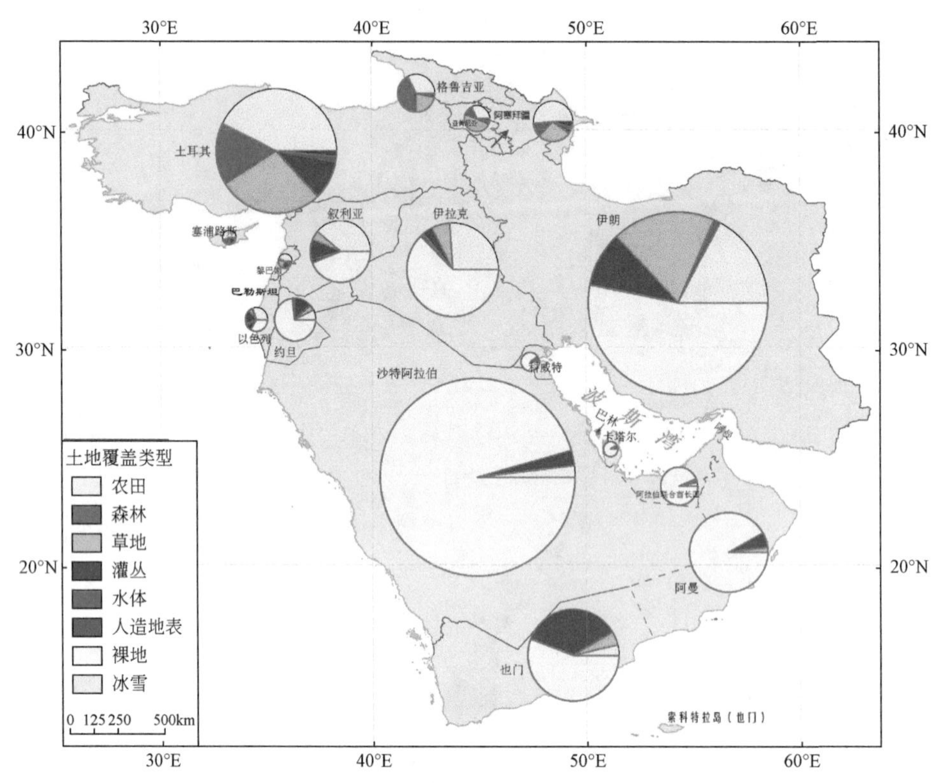

图 2-3　2014 年西亚各国 / 地区土地覆盖类型组成

（3）国家间土地覆盖类型人均水平差异大，格鲁吉亚人均农田和森林面积最大

由于西亚各国（地区）人口数量差异悬殊，各国土地覆盖类型人均面积差异大。土耳其是西亚主要农业国，农田面积在西亚各国（地区）居首，人均农田面积为 0.43hm^2；格鲁吉亚农田总面积不大，但人均农田面积达 0.50hm^2，居西亚各国（地区）之首；塞浦路斯人均农田面积为 0.47hm^2。格鲁吉亚人均森林面积也居西亚之首，达 0.65hm^2/ 人，其次为土耳其，人均森林面积为 0.16hm^2。人均草地面积以亚美尼亚和伊朗为多，分别为 0.54hm^2/ 人和 0.39hm^2/ 人；而灌丛人均占有量最大的为也门，人均 0.57hm^2，其次为阿曼，人均 0.46hm^2。水体的人均占有量以亚美尼亚最大，为 0.04hm^2/ 人。人造地表的人均占地面积以阿塞拜疆最大，其人均占地面积高达 0.04hm^2/ 人，由此可见阿塞拜疆的城市 / 城镇人口密度较小，活动空间较大，相比之下，也门和伊拉克的人造地表人均面积则非常低。巴林国土总面积最小，人口又较多，因此各种土地覆盖类型的人均占地面积均较小。

表 2-1　2014 年西亚各国（地区）土地覆盖类型占地面积及人均面积

国家（地区）	农田		森林		草地		灌丛		水体		人造地表		裸地		冰雪	
	总面积/km^2	人均面积/（km^2/万人）	总面积/km^2	人均面积/（km^2/万人）	总面积/km^2	人均面积/（km^2/万人）	总面积/km^2	人均面积/（km^2/万人）	总面积/km^2	人均面积/（km^2/万人）	总面积/km^2	人均面积/（km^2/万人）	总面积/km^2	人均面积/（km^2/万人）	总面积/km^2	人均面积/（km^2/万人）
塞浦路斯	5408.19	46.88	1642.75	14.24	193.69	1.68	1717.56	14.89	192.31	1.67	313.75	2.72	21.75	0.19	0	0
巴林	32.38	0.24	0.25	0	1.25	0.01	2.31	0.02	39.63	0.29	247.06	1.81	321	2.36	0	0
卡塔尔	158.75	0.73	2.75	0.01	17.38	0.08	226.81	1.04	208.19	0.96	361.94	1.67	10205.5	46.99	0	0
阿联酋	2079.63	2.29	12.56	0.01	334.88	0.37	1295.63	1.43	395.06	0.43	1323.75	1.46	66584.06	73.28	0	0
伊朗	281188.69	35.98	20110.56	2.57	307575.00	39.36	161070.25	20.61	9241.31	1.18	10057.75	1.29	872813.44	111.69	1.06	0
伊拉克	112232.75	32.24	558.75	0.16	28561.81	8.2	15881.88	4.56	4670.94	1.34	3062.31	0.88	271405.06	77.96	0	0
科威特	425.88	1.13	0.06	0	89.38	0.24	586.06	1.56	115.81	0.31	670.31	1.79	14900.94	39.7	0	0
黎巴嫩	4619	10.16	412.25	0.91	2101.44	4.62	2185.31	4.81	75.38	0.17	467	1.03	525.69	1.16	0	0
叙利亚	72602.75	32.77	951.63	0.43	9535.81	4.3	20066.69	9.06	1214.81	0.55	2926.63	1.32	82255.81	37.12	0	0
阿曼	1895.88	4.48	170.56	0.4	5579.94	13.17	19484.94	46	1230.31	2.9	1196.38	2.82	289685	683.86	0	0
以色列和巴勒斯坦	8454.06	10.29	413.56	0.5	1431.56	1.74	5380.69	6.55	710.19	0.86	1798.69	2.19	9369.31	11.4	0	0
约旦	6500.19	9.84	97.25	0.15	3798.56	5.75	12736.63	19.28	428.56	0.65	917.69	1.39	66044.31	99.96	0	0
沙特阿拉伯	35036.56	11.34	46.38	0.02	15165.38	4.91	48610.56	15.74	1847.44	0.6	6709.69	2.17	1855915.5	600.88	0	0
格鲁吉亚	22497.44	49.95	29152.13	64.72	15049.81	33.41	130.19	0.29	370.69	0.82	1545.56	3.43	214.94	0.48	913.81	2.03
亚美尼亚	10658.56	35.46	4601.38	15.31	16218.69	53.95	164.13	0.55	1291.06	4.29	1064.38	3.54	54.25	0.18	0	0
阿塞拜疆	41678.81	43.7	9421.38	9.88	21861.19	22.92	2838	2.98	1443	1.51	3914.38	4.1	279.31	0.29	52.56	0.06
土耳其	328507.19	43.26	123792.06	16.3	216911.38	28.57	77878.25	10.26	11732.25	1.55	10465.94	1.38	2704.44	0.36	19.25	0
也门	15290.13	5.84	255.44	0.1	20224.31	7.72	150265.5	57.39	1210.38	0.46	539.06	0.21	233634.63	89.23	0	0

2.1.2 土地开发强度

采用土地开发强度指数分析西亚地区土地开发强度及影响土地利用程度的自然环境和人为因素。西亚土地开发强度指数平均值为0.19，开发状况处于很低的水平。该区域开发强度指数为0～0.2的区域面积最大，占比高达61.56%，且开发强度指数等级越高占比越小，0.6以上的高强度开发等级仅占7.63%，开发强度指数为0.8～1.0的区域更是少到仅占0.10%。利用土地开发强度指数产品（图2-4）分析了2014年西亚地区土地开发强度的空间分布特征，开发强度最高区域分布在小亚细亚半岛以及美索不达米亚平原等部分地区，开发强度指数在0.6以上，开发强度较大，主要是以农业开发为主。而伊朗西部和北部、土耳其东北部及也门西部和南部等区域开发强度指数达0.4以上，其开发强度也比较大，其覆盖的主要地类为森林、草地和灌丛。阿拉伯半岛和伊朗东南部绝大部分地区的土地开发强度指数都在0.2以下，该区域降水稀少、气候干旱、植被覆盖率低，荒漠和裸地面积占比大，可开发利用的土地有限（图2-4、表2-2）。

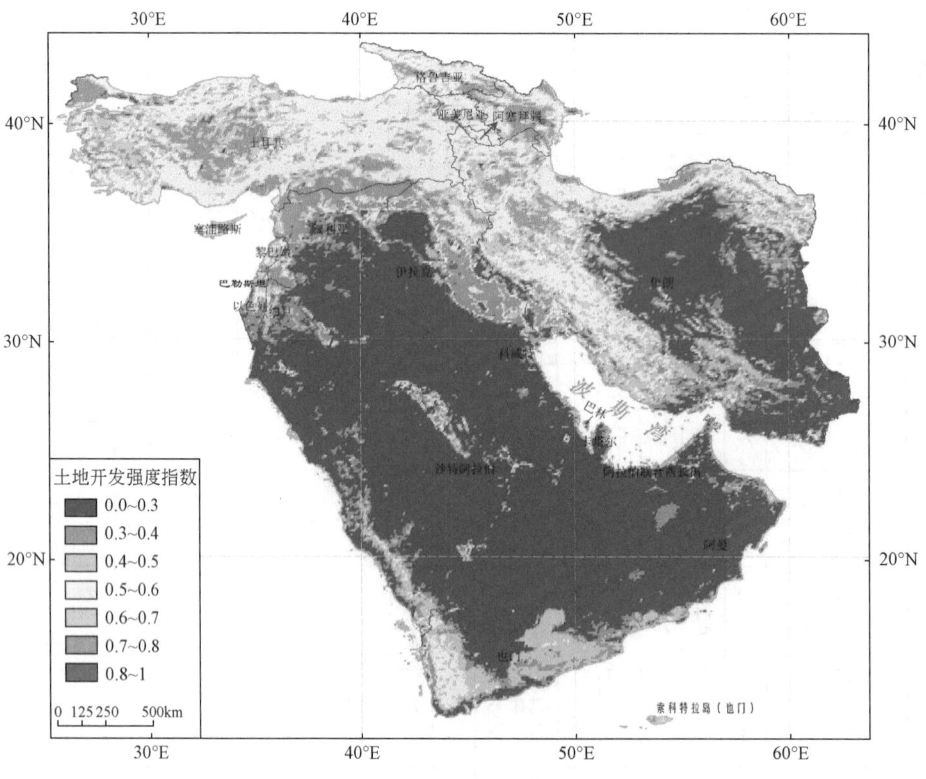

图2-4 2014年西亚土地开发强度指数分布

表 2-2　西亚不同土地开发强度等级统计

土地开发程度指数范围	0.0 ～ 0.2	0.2 ～ 0.4	0.4 ～ 0.6	0.6 ～ 0.8	0.8 ～ 1.0	总平均值
占比 /%	61.56	17.15	13.57	7.62	0.1	0.19

2.2　气候资源分布

2.2.1　温度与光合有效辐射

西亚地区年均气温空间分布区域差异明显（图 2-5）。大部分地区年平均气温高于 24℃，仅北部的格鲁吉亚、亚美尼亚、阿塞拜疆和土耳其山区年均气温低于 10℃，局部地区的气温随海拔升高而明显下降。

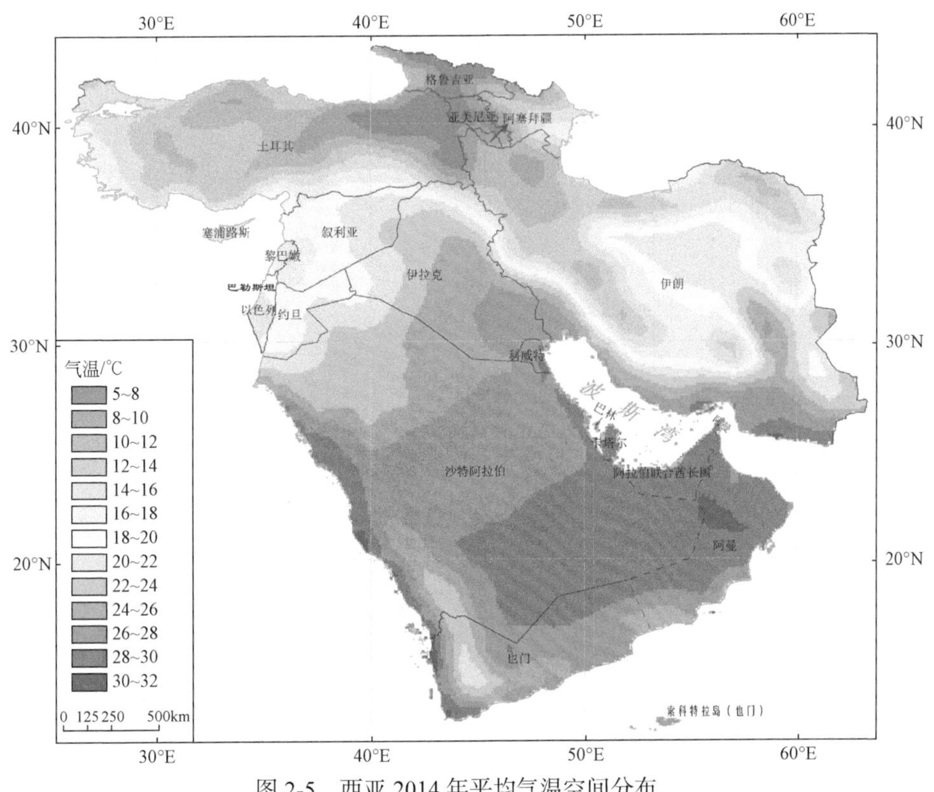

图 2-5　西亚 2014 年平均气温空间分布

西亚光合有效辐射总体较强，呈现由东北向西南逐渐增加的趋势。光照条件决定了自然界植被与作物的分布及类型，光照及温度条件的时空分布在气候资源评价和生态系统研究中具有重要意义。利用光合有效辐射年均值遥感产品分析西亚区域植被生长光照条件分布状况（图 2-6），光合有效辐射总体上呈现由东北向西南逐渐增加的趋势，2014 年年均光合有效辐射基本在 60 ～ 120W/m^2 之间。格鲁吉亚、亚美尼亚、阿塞拜疆和土耳其北部，以及伊朗北部厄尔布尔士山脉地区由于纬度较高，年均光合有效辐射在 80W/m^2 以下；阿拉伯半岛南部的也门由于纬度较低，年均光合有效辐射大多数区域在 110W/m^2 以上。

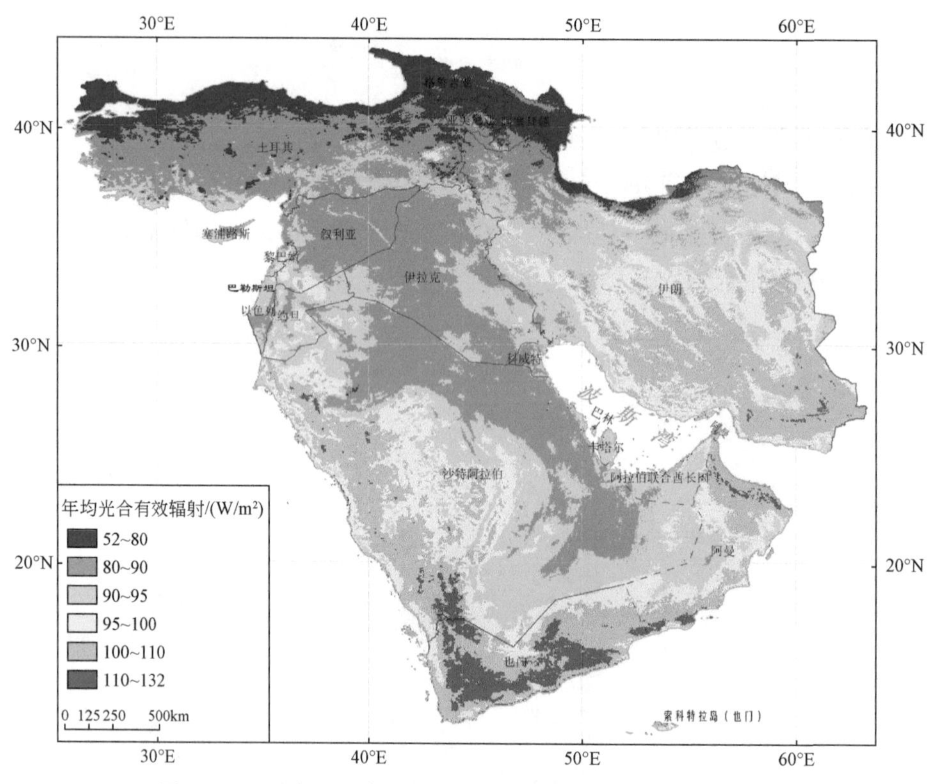

图 2-6　2014 年西亚各国（地区）光合有效辐射（PAR）分布

从西亚各国（地区）年平均光合有效辐射（图 2-7）可以看出，各国的年均光合有效辐射在 70 ～ 105W/m^2 之间，其中，年均光合有效辐射最高的是也门，为 105W/m^2，最低的是巴林，为 70W/m^2。伊朗、阿曼和沙特阿拉伯的年均光合有效辐射较高，都在 90W/m^2 以上，而格鲁吉亚、亚美尼亚和阿塞拜疆相对较低，为 70 ～ 80W/m^2。

2.2.2　降水量和蒸散量

（1）降水量总体低，阿拉伯半岛降水量最低

西亚地区降水自北向南递减，南北差异较大（图 2-8）。2014 年西亚平均降水量 228mm，明显低于全球陆地平均降水量（785mm），仅高加索山脉及土耳其北部的小部分区域降水量略高于全球陆地平均降水量。小亚细亚半岛及美索不达米亚平原降水量高，为 400 ～ 800mm；热带和亚热带沙漠气候区的阿拉伯半岛、伊朗高原和鲁卜哈利沙漠降水极少，大部分地区年降水量在 100mm 以下。

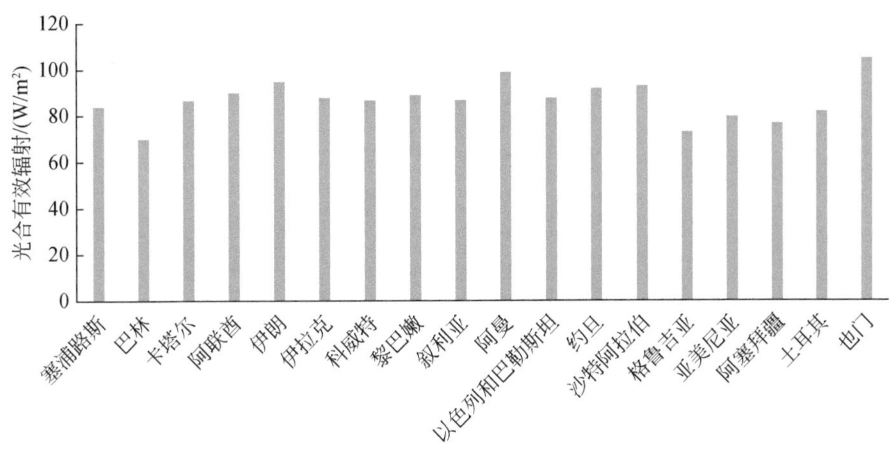

图 2-7　西亚各国（地区）年平均光合有效辐射分布

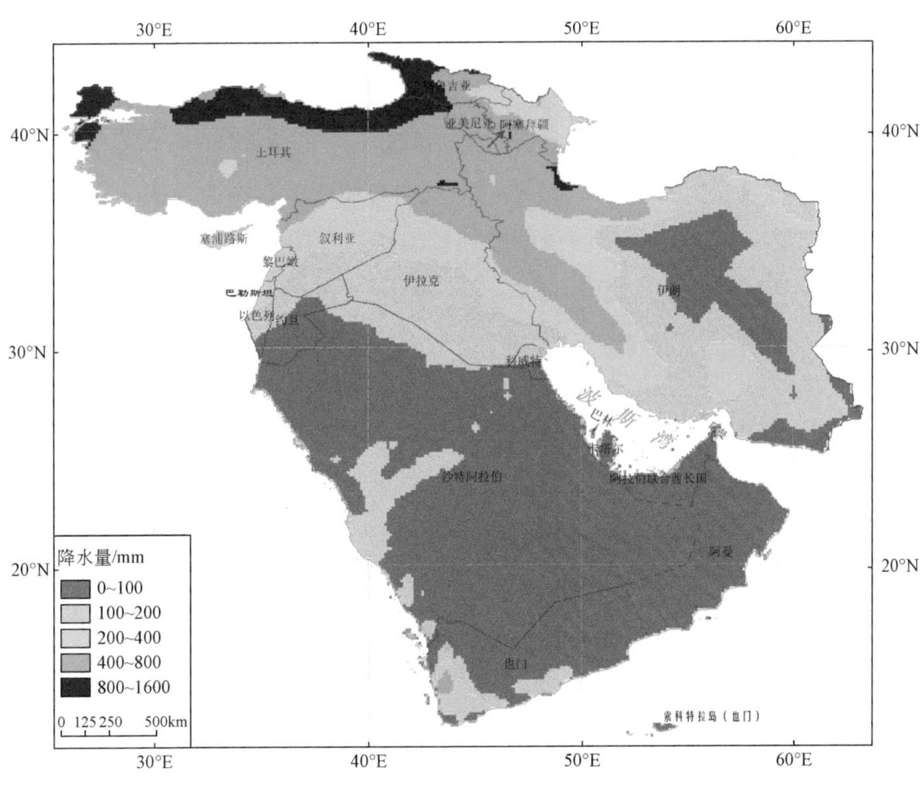

图 2-8　2014 年西亚降水量空间分布

从西亚各国（地区）的年降水量看（图 2-9），阿拉伯半岛各国年降水量均在 100mm 以下，其中阿曼的年降水量最低，仅为 17mm；格鲁吉亚、亚美尼亚和土耳其的年降水量在 600mm 以上。

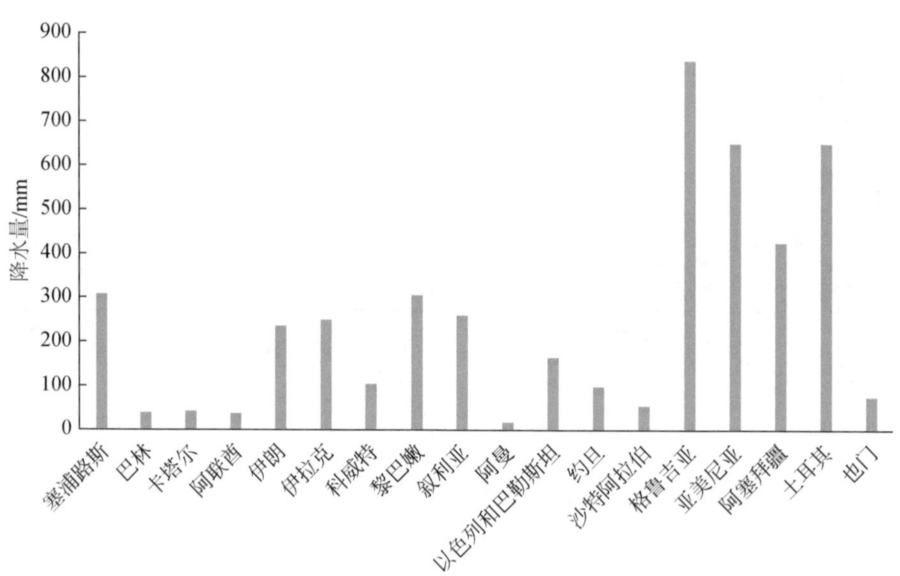

图 2-9　2014 年西亚各国（地区）降水量

从降水量的月变化情况看（图 2-10），塞浦路斯、亚美尼亚、格鲁吉亚、土耳其和阿塞拜疆受热带季风气候和热带干湿季气候的影响，降水量存在明显的干湿季差异，3～6 月雨季降水量较大。靠近赤道的阿拉伯半岛各国在热带沙漠气候影响下，全年降水量较低且季节变化不明显。

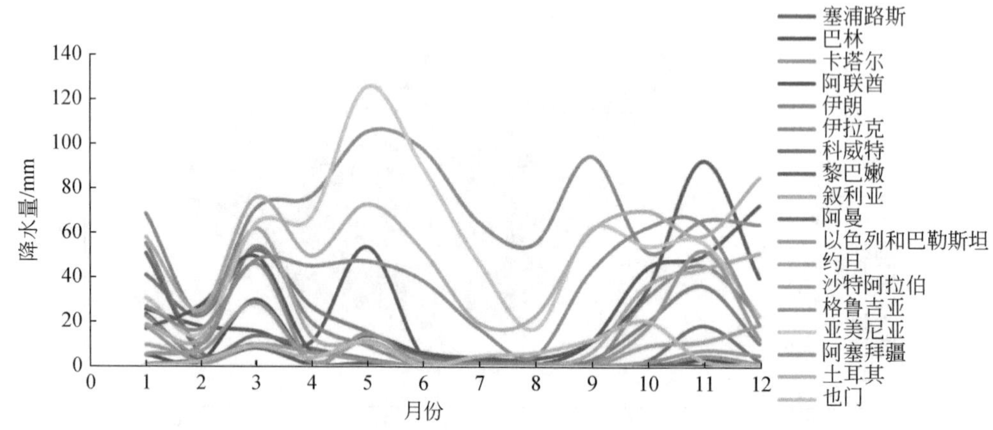

图 2-10　2014 年西亚各国（地区）降水量变化情况

（2）地表蒸散量分布不均，时空差异高于降水量

2014 年西亚地区年平均蒸散量为 157mm，低于全球陆地平均蒸散量，其空间分布如图 2-11 所示，自北向南呈递减趋势，西亚北部的高加索山脉、小亚细亚半岛及伊朗北部

厄尔布尔士山脉等植被覆盖度较高区域，其冠层郁闭度较高，地表蒸散发活动强烈，年蒸散量高达 1000mm 以上。阿拉伯半岛及伊朗高原处于热带沙漠气候区，降水量和植被覆盖度低，蒸散量小于 100mm。

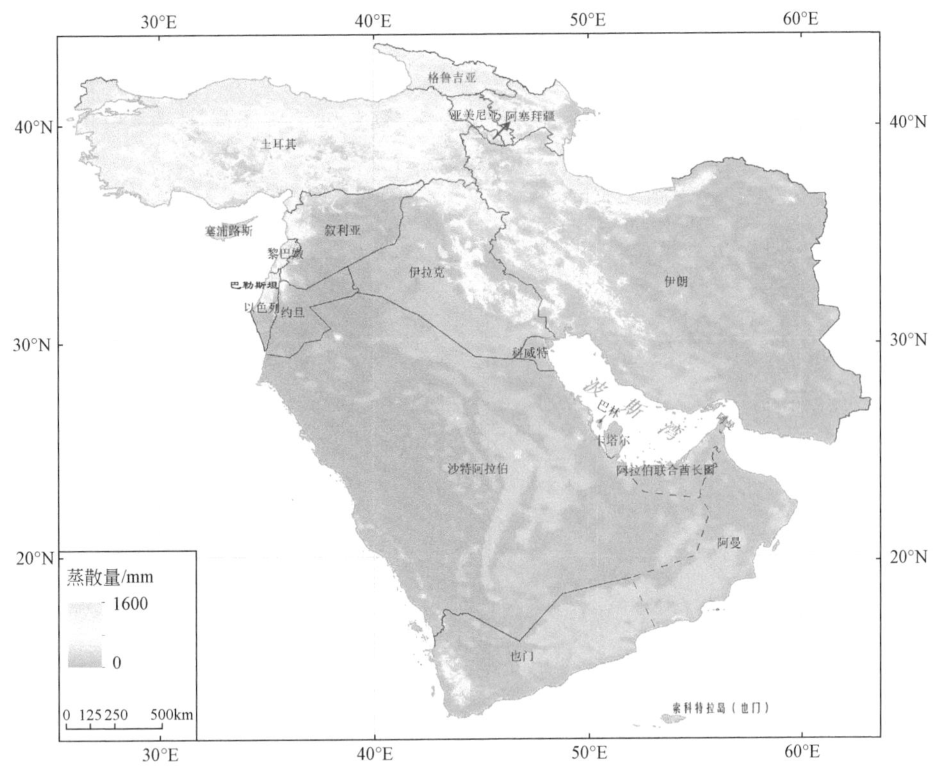

图 2-11　2014 年西亚蒸散量空间分布

从各国的年均蒸散量看（图 2-12），2014 年格鲁吉亚年蒸散量最大，超过 600mm，其次为亚美尼亚、黎巴嫩和土耳其，年蒸散量均高于 500mm。其他国家年蒸散量都较低，多数国家的蒸散量在 100mm 以下。其中，巴林最低，仅为 6mm。

从各国蒸散量季节变化看（图 2-13），北部的格鲁吉亚、亚美尼亚、土耳其、阿塞拜疆和黎巴嫩 5 国的蒸散量季节变化明显，而其他国家受热带沙漠气候影响蒸散量随季节变化不明显。

（3）水分亏缺严重，自北向南亏缺程度逐渐增加

2014 年西亚水分盈亏空间分布如图 2-14 所示。高加索山脉西部及土耳其北部、美索不达米亚平原和扎格罗斯山脉交汇处年水分盈余在 500mm 以上；其他大部分地区水分亏缺严重，其分布与降水量的空间分布基本一致，水分亏缺程度自北向南逐渐增加。厄尔布尔士山脉及小亚细亚半岛、内夫得沙漠及黎巴嫩靠近地中海岸区域水分亏缺严重，年

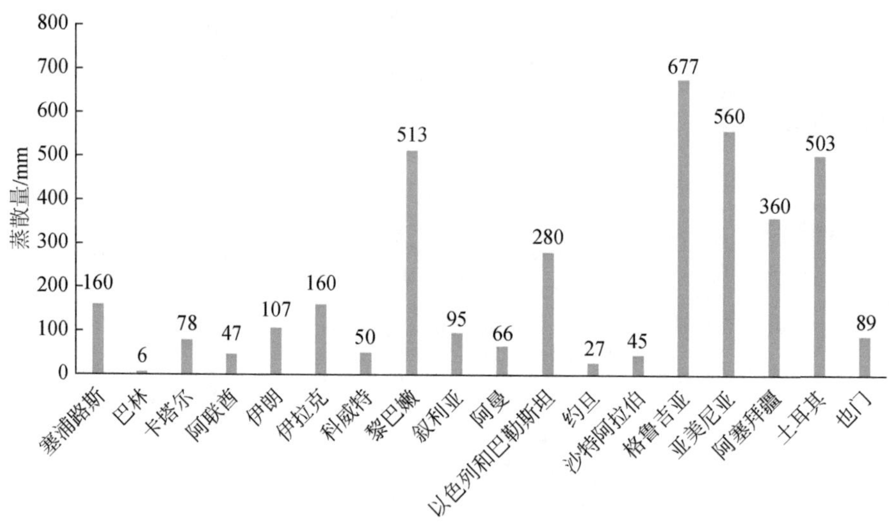

图 2-12　2014 年西亚各国（地区）年蒸散量

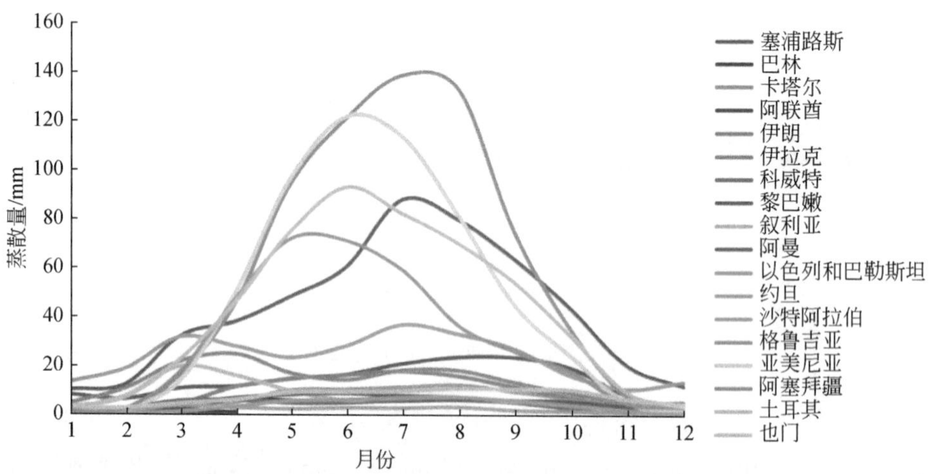

图 2-13　2014 年西亚各国（地区）蒸散量季节变化

亏缺量达 400mm 以上；阿拉伯半岛和伊朗高原水分年亏缺量为 100 ～ 400mm。从各国水分盈亏情况看（图 2-15），黎巴嫩水分亏缺量为西亚各国（地区）中最高（176mm），其次是以色列和巴勒斯坦、卡塔尔、阿曼和也门；叙利亚水分年盈余量在西亚最高（162mm），但仍明显低于全球陆地平均水分盈余量（375mm）。

西亚各国（地区）的水分盈亏季节变化特征与降水量较为一致，在不同的气候背景下具有明显的分异性（图 2-16）。黎巴嫩、格鲁吉亚、土耳其和亚美尼亚各月水分盈亏变化明显，6 ～ 8 月水分亏缺严重，而其他受沙漠气候影响的国家水分盈亏全年变化不明显。

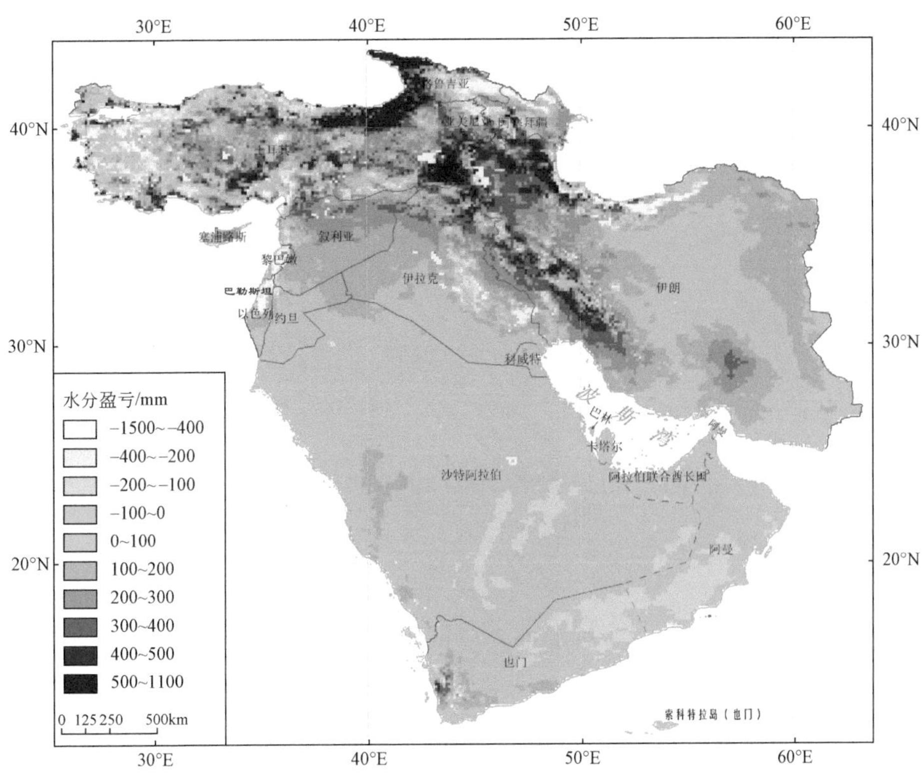

图 2-14　2014 年西亚水分盈亏空间分布

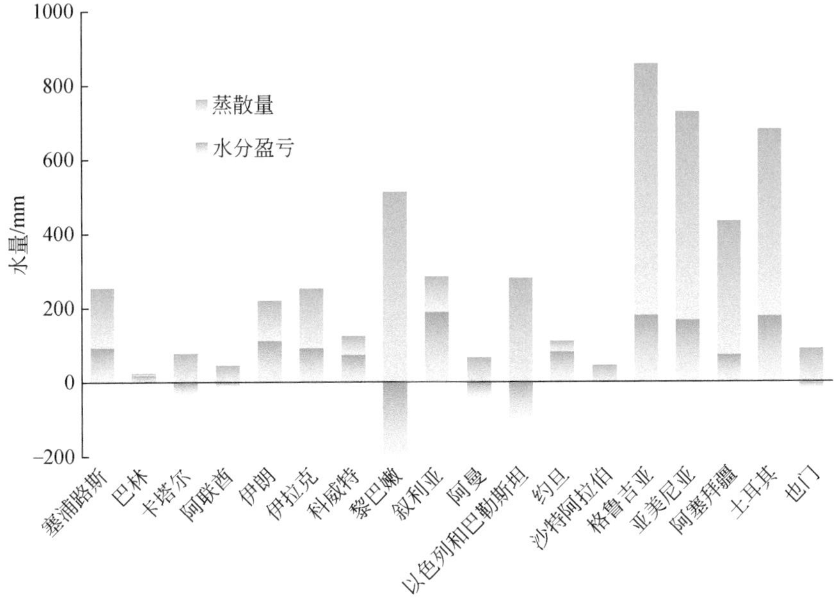

图 2-15　2014 年西亚各国（地区）水分盈亏状况

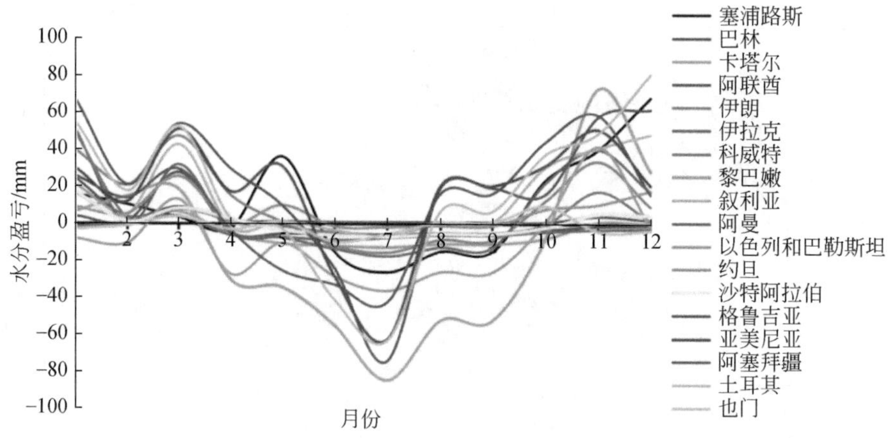

图 2-16　2014 年西亚各国（地区）水分盈亏季节变化

2.3　主要生态资源分布

西亚农业开发历史悠久，灌溉农业地位重要。农田复种指数反映耕地的利用强度，叶面积指数（LAI）反映植物群体生长状况，植被净初级生产力（NPP）能够反映植物每年通过光合作用所固定的碳总量。利用遥感估测年最大 LAI 和年累积 NPP 可反映西亚生态系统特征及固碳能力。

2.3.1　农田生态系统

（1）小亚细亚半岛及美索不达米亚平原是西亚的粮食主产区

西亚农田总面积为 94.93 万 km^2，占西亚总面积的 15.34%，人均 $0.29hm^2$，农田多分布在河谷平原和沙漠中有地下水灌溉的绿洲，主要分布在美索不达米亚平原、地中海东岸、土耳其东部、伊朗西部和北部及高加索地区。阿拉伯半岛的沙特阿拉伯、也门也有零星分布（图 2-17）。西亚的粮食作物主要有小麦、玉米、大麦、豆类、粟、稻谷等，经济作物有棉花、烟草、甜菜等。

（2）农作物以一年一熟的种植模式为主

由 2014 年西亚农作物复种指数分布状况可以看出（图 2-18），西亚地区以一年一熟的种植模式为主，复种指数为 100% 的面积有 $374025.00km^2$，约占西亚农田总面积的 39.4%，主要分布在土耳其周边区域、格鲁吉亚、亚美尼亚和阿塞拜疆地区，伊朗东北部有少量分布；复种指数为 200% 的农田面积约 $14100.00km^2$，主要分布在土耳其西部和伊朗北部。

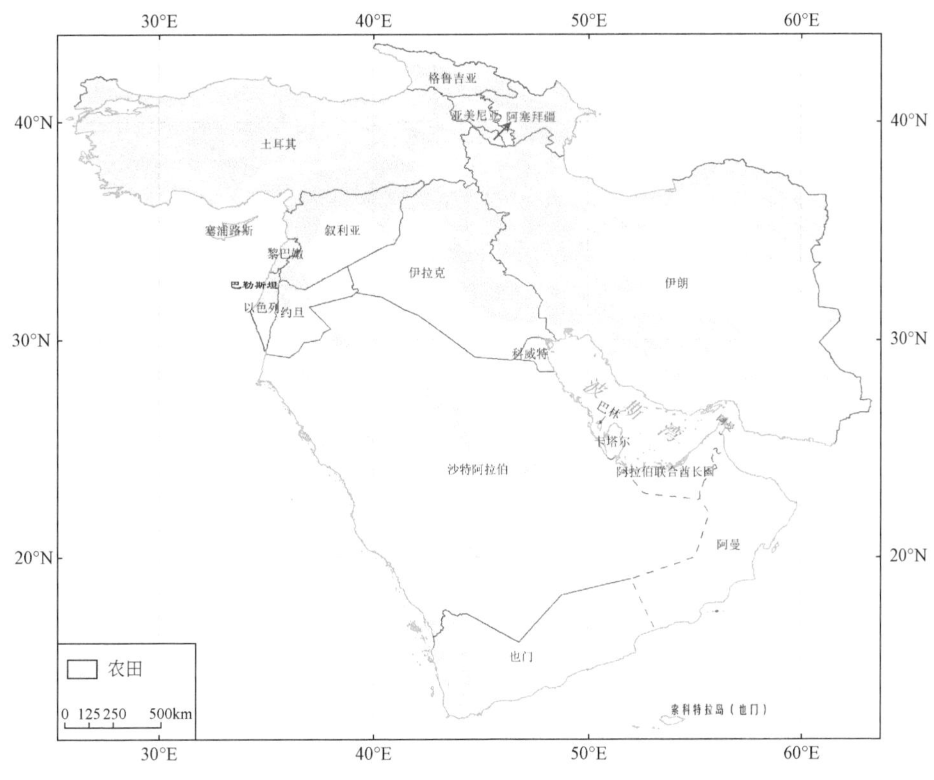

图 2-17　2014 年西亚地区农田空间分布

（3）主要粮食作物为玉米和小麦，与 2013 年比其种植面积及产量均下降

西亚地区主要粮食作物为玉米和小麦，根据 2013 年和 2014 年主要作物产量和种植面积变化情况（表 2-3），分析了西亚主要粮食主产国的玉米和水稻作物产量与变化特征。土耳其是西亚地区最大的粮食生产国，2014 年粮食总产量 2660 万 t，其中玉米总产量 586 万 t，占总产量的 22%，小麦总产量 2074 万 t，占总产量的 78%；而玉米和小麦作物的种植面积较 2013 年分别减少 0.1% 和 0.3%，粮食产量分别减少 0.7% 和 6.0%，其单产分别下降 0.6% 和 5.7%。伊朗是西亚第二粮食生产国，主产小麦，2014 年总产量 1335 万 t，种植面积和产量较 2013 年分别下降 2.3% 和 4.7%，单产下降 2.4%，除小麦外，伊朗种植少量水稻，2014 年种植面积较 2013 年增加了 0.9%，但单产下降 0.6%。

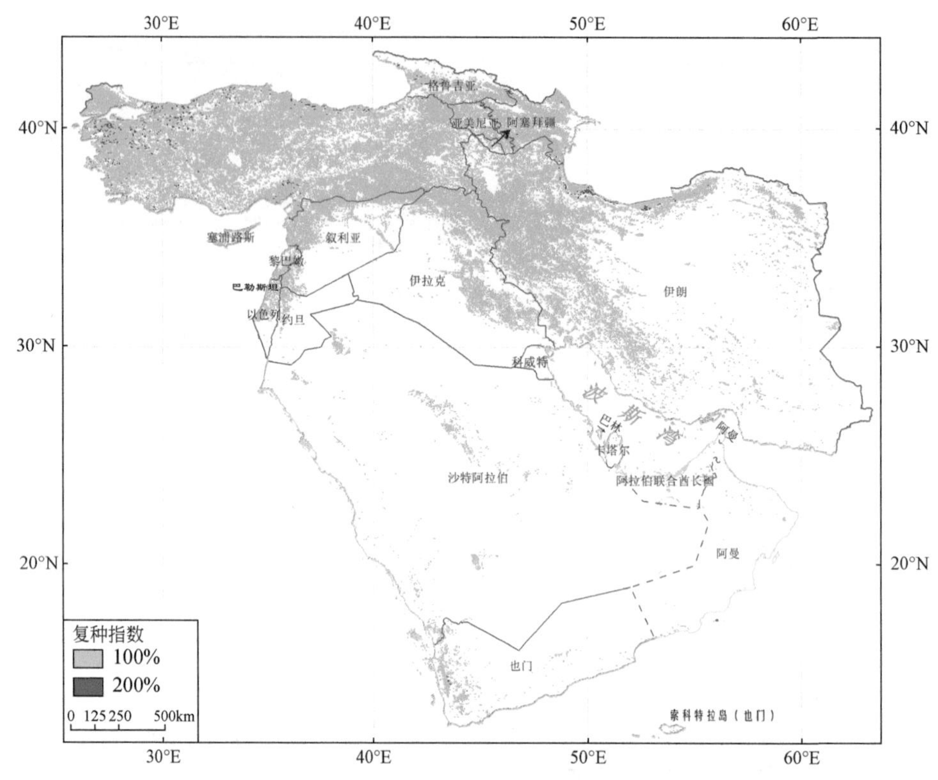

图 2-18 西亚地区 2014 年复种指数空间分布

表 2-3 西亚地区 2014 年主要作物产量和种植面积变幅

国家	玉米			小麦		
	面积变幅 /%	产量 / 万 t	产量变幅 /%	面积变幅 /%	产量 / 万 t	产量变幅 /%
伊朗	#	#	#	−2.3	1335	−4.7
土耳其	−0.1	586	−0.7	−0.3	2074	−6

注：# 表示无数据或者数据太小，未参与统计。

2.3.2 森林生态系统

（1）森林面积较小，主要分布在土耳其北部、高加索山脉及厄尔布尔士山脉

西亚的森林分布较少（图 2-19），面积为 19.16 万 km^2，占西亚总面积的 3.10%，主要分布在土耳其北部的安纳托利亚高原的边缘山地和沿海地带以及高加索山脉，格鲁吉亚腹地及伊朗北部，南里海低地，厄尔布尔士山脉，扎格罗斯山地西部。森林主要分布的国家有塞浦路斯、伊朗、叙利亚、格鲁吉亚、亚美尼亚、阿塞拜疆和土耳其，其他国家几乎无森林分布。西亚区域内的森林一般由生长速度比较慢的树种组成，质量差，经

济价值低（FAO，2008）。恶劣的气候条件限制了森林的潜力，森林一旦退化，很难恢复（Abido，2000a）。在雨养条件下，平均森林产量为 0.02 ～ 0.5m³/（hm²·a）不等，在叙利亚北部的塞浦路斯松原始森林，森林产量可达 2.9m³/（hm²·a）（GORS，1991）。与此相比，灌溉区的桉树林的年生产能力可超过 17m³/（hm²·a）（Abido，2000b）。

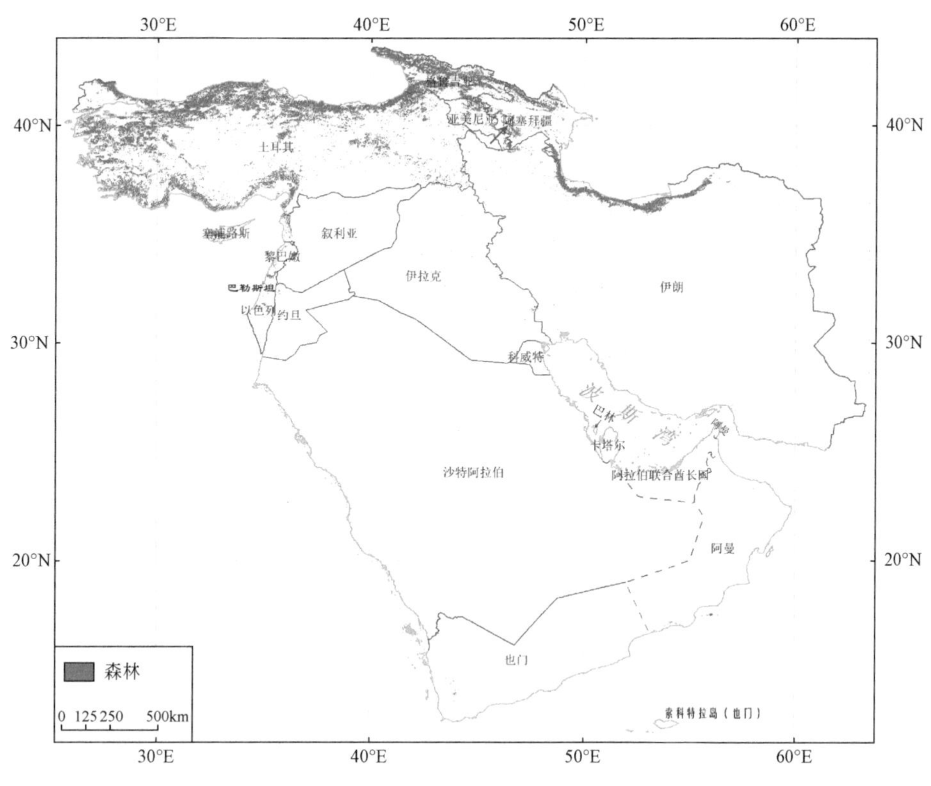

图 2-19　西亚地区的森林分布

（2）西亚森林生物量总量约 848.60 万 t，其中土耳其约占一半

利用 2014 年森林地上生物量遥感产品分析西亚地区森林地上生物量空间分布（图 2-20）。森林地上生物量总量约 848.60 万 t，主要分布在土耳其北部的安纳托利亚高原的边缘山地、格鲁吉亚的高加索山脉以及伊朗境内的厄尔布尔士山脉，西亚森林生物量普遍较低，生物量主要集中在 0 ～ 50t/hm²、100 ～ 150t/hm² 区间。

从西亚各国（地区）森林地上生物量估测结果看（表 2-4），土耳其所占比例最大，达 48.98%；其次是格鲁吉亚、伊朗、阿塞拜疆和亚美尼亚，分别为 28.81%、15.35%、4.08% 和 2.65%，其他各国合计仅占 0.14%。

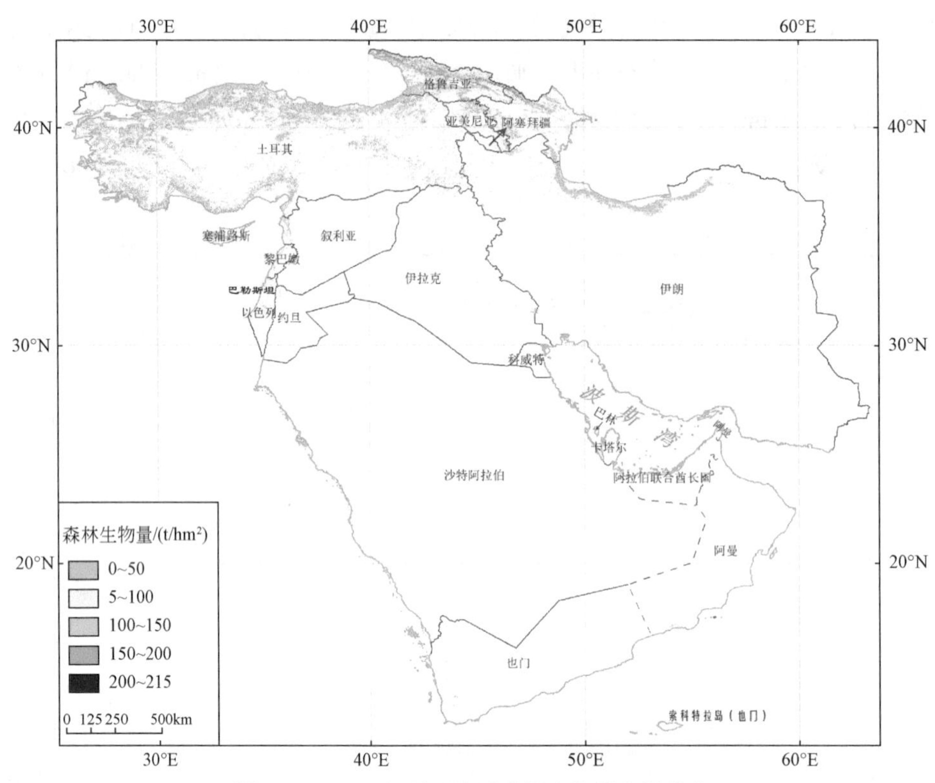

图 2-20 2014 年西亚地区森林生物量空间分布

表 2-4 西亚各国（地区）森林地上生物量估测统计表

国家（地区）	地上生物量 / 万 t	面积 /km^2	地上生物量占区域比例 /%
土耳其	415.61	53896	48.976
格鲁吉亚	244.50	24696	28.812
伊朗	130.25	15819	15.349
阿塞拜疆	34.60	4984	4.077
亚美尼亚	22.46	3156	2.647
叙利亚	0.53	177	0.062
塞浦路斯	0.21	84	0.025
伊拉克	0.15	58	0.018
黎巴嫩	0.11	42	0.013
阿曼	0.06	26	0.007
约旦	0.04	17	0.005
以色列和巴勒斯坦	0.03	13	0.004
沙特阿拉伯	0.03	19	0.004
也门	0.02	12	0.002
卡塔尔	0.002	1	0.000
阿联酋	0.002	1	0.000

注：除表格中所列国家外，西亚其他国家森林面积太小，未参与统计。

西亚各国（地区）森林碳储量如表 2-5 所示，森林碳储量平均值为 0.69t/km^2，总碳储量为 421.91 万 t，其平均值明显低于世界森林平均碳储量（2.52t/km^2），原因主要是受西亚降水量少，森林多分布在高原地带，受其地理位置及气候影响，森林碳储量及其生物量较低。从各国家碳储量统计结果来看，总碳储量最高为土耳其，其次为格鲁吉亚，但其平均碳储量为西亚最高，之后是伊朗，亚美尼亚和阿塞拜疆，其他国家总碳储量均较低，平均碳储量高于世界平均水平的仅有格鲁吉亚、土耳其和亚美尼亚等 3 国。

表 2-5　西亚各国（地区）森林碳储量统计表

国家（地区）	平均碳储量 /（t/km^2）	总碳储量 /t
格鲁吉亚	17.52	1222503.5
亚美尼亚	3.30	112312.0
土耳其	2.75	2078038.5
阿塞拜疆	2.13	172980.0
伊朗	0.40	651257.0
塞浦路斯	0.11	1035.5
黎巴嫩	0.05	530.5
叙利亚	0.01	2663.0
以色列和巴勒斯坦	0.01	147.5
卡塔尔	—	12.0
阿联酋	—	7.5
伊拉克	—	753.5
阿曼	—	286.5
约旦	—	208.5
沙特阿拉伯	—	147.0
也门	—	92.0

注：除表格中所列国家外，西亚其他国家森林面积太小，未参与统计；“—”表示数据太小。

（3）西亚地区森林年最大叶面积指数（LAI）空间分布差异不明显，森林年最大 LAI 值普遍高于 40，格鲁吉亚年最大 LAI 均值最高

利用遥感植被 LAI 产品分析 2014 年西亚地区森林年最大 LAI 空间分布（图 2-21）。西亚地区森林年最大 LAI 空间分布差异不明显，LAI 大于 40 占比最大，达到 40.93%，主要分布在土耳其北部、格鲁吉亚腹地、亚美尼亚东部以及伊朗东北部。伊朗、土耳其北部的山地有一定的森林分布、地中海的丘陵区分布有最好的郁闭森林。受人类活动影响的地区，森林砍伐和破坏比较严重，如土耳其南部地区，森林年平均 LAI 低于 30。

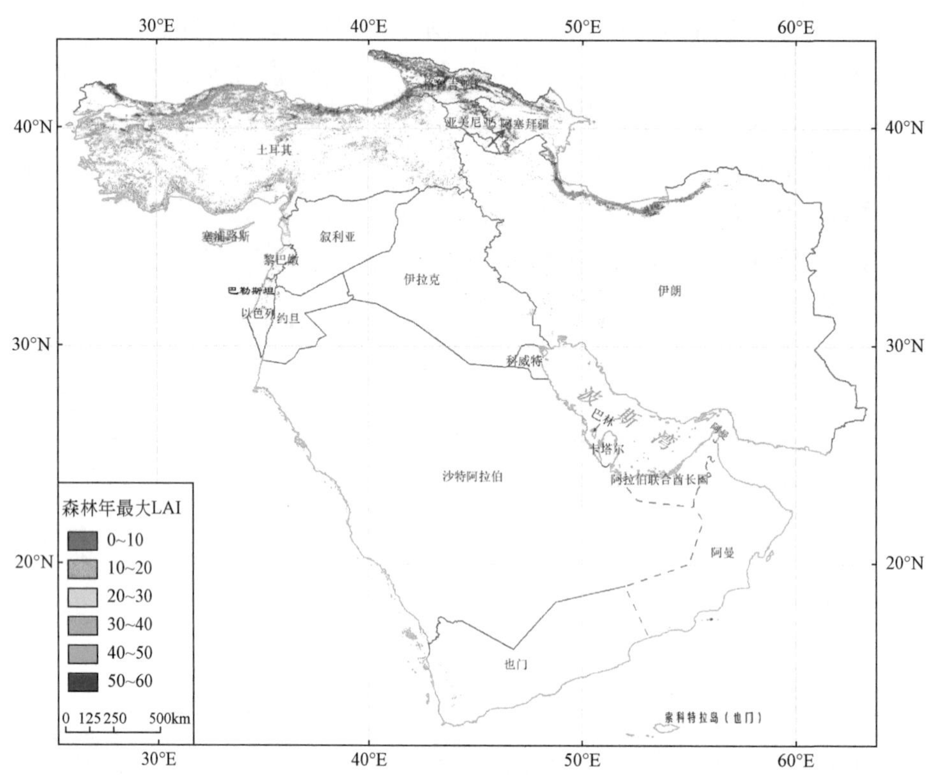

图 2-21　西亚 2014 年森林年最大 LAI 空间分布

西亚各国（地区）森林年最大 LAI 分析各国差异特征（表 2-6）。森林覆盖率高的国家年最大 LAI 普遍较高，格鲁吉亚年最大均值最高达 19.45，除伊朗和叙利亚等国家年最大 LAI 低于区域平均水平以外，其他国家均高于西亚区域平均水平 1.04。塞浦路斯和叙利亚年最大 LAI 在 10 ～ 20 区间所占比例较大，分别为 69.21% 和 62.82%，伊朗、格鲁吉亚和亚美尼亚年最大 LAI 在 40 以上占比例较大，分别达到 70.65%、83.1% 和 66.37%，而阿塞拜疆和土耳其在年最大 LAI 各等级所占比例相差不大。

表 2-6　西亚各国（地区）森林年最大 LAI 统计表

国家（地区）	年最大 LAI 均值	年最大 LAI 级别所占比例 /%					
		＜ 10	10 ～ 20	20 ～ 30	30 ～ 40	40 ～ 50	＞ 50
格鲁吉亚	19.45	0.68	1.63	3.75	10.84	40.77	42.33
亚美尼亚	5.66	2.44	4.81	12.59	13.79	34.00	32.37
土耳其	4.73	3.94	29.74	22.09	17.91	19.60	6.71
阿塞拜疆	4.07	8.02	12.89	17.46	15.66	26.50	19.47
塞浦路斯	2.41	25.54	69.21	4.77	0.42	—	0.05

续表

国家（地区）	年最大 LAI 均值	年最大 LAI 级别所占比例 /%					
		＜ 10	10 ～ 20	20 ～ 30	30 ～ 40	40 ～ 50	＞ 50
伊朗	0.50	3.73	5.95	9.02	10.66	52.06	18.59
叙利亚	0.09	6.85	62.82	18.78	8.45	3.10	—
全区域均值	5.27	7.31	26.72	12.63	11.10	29.34	19.92

注：除表格中所列国家外，西亚其他国家森林面积太小，未参与统计；“—”表示无数据或者数据过小。

（4）西亚地区森林年累积 NPP 空间差异显著，森林年累积 NPP 较高，尤其是格鲁吉亚年累积 NPP 最高

利用植被净初级生产力（NPP）产品数据分析 2014 年西亚地区森林累积 NPP 空间分布（图 2-22）。西亚地区森林累积 NPP 空间差异显著，2014 年累积 NPP 的平均值为 194.11gC/m^2，西亚森林 NPP 普遍高于 4000gC/m^2，尤其是土耳其东北部及格鲁吉亚北部年累积 NPP 达 8000gC/m^2 以上。

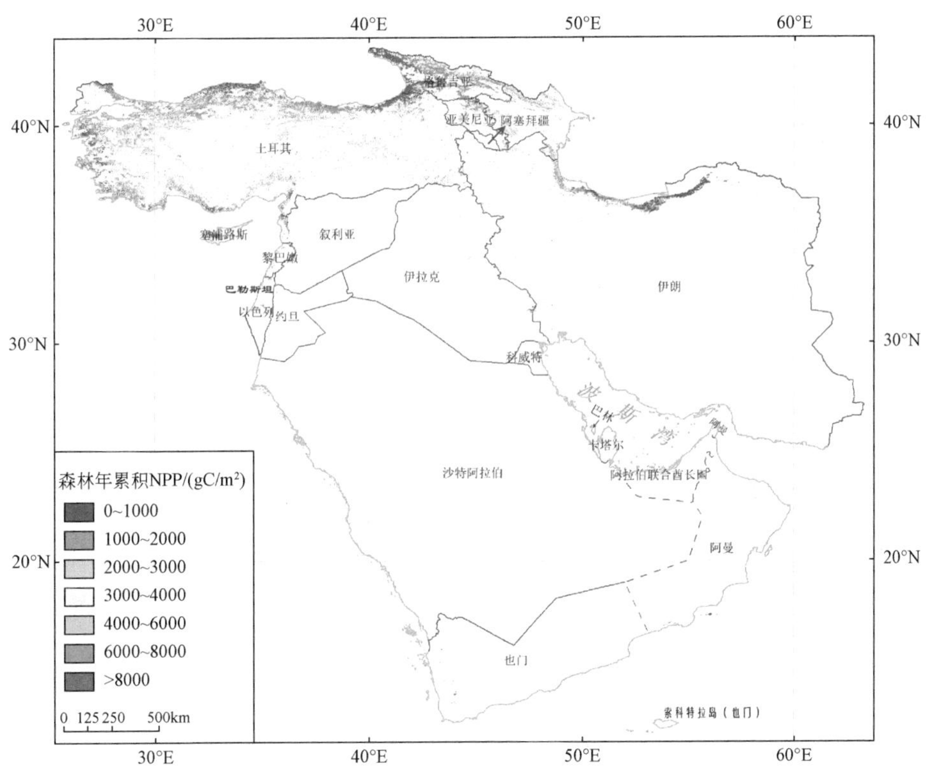

图 2-22　2014 年西亚地区森林年累积 NPP 空间分布

从表 2-7 西亚各国（地区）森林年累积 NPP 统计结果可以看出，森林分布较多的国

家中，年累积 NPP 平均值最高的国家是格鲁吉亚，达 3102.43gC/m²，其次是塞浦路斯和土耳其，都超过 1000gC/m²，其他各国都低于 1000gC/m²。

表 2-7　西亚各国森林年累积 NPP 统计表

国家	年累积 NPP 均值 /（gC/m²）	不同年累积 NPP 级别所占比例 /%						
		＜1000	1000～2000	2000～3000	3000～4000	4000～6000	6000～8000	＞8000
格鲁吉亚	3102.43	0.11	0.24	1.05	2.95	15.51	48.16	31.99
塞浦路斯	1675.92	0.26	0.32	0.37	1.48	12.45	14.88	70.24
土耳其	1022.74	0.40	1.50	4.52	9.91	35.26	33.62	14.80
亚美尼亚	777.15	0.21	1.19	4.93	11.26	37.98	42.57	1.86
阿塞拜疆	582.80	0.47	3.29	9.36	19.64	49.49	16.08	1.67
叙利亚	47.91	0.47	1.22	1.60	0.85	7.61	34.93	53.33
伊朗	44.95	16.28	10.22	13.02	11.73	20.52	17.85	10.37
全区域均值	194.11	1.78	2.17	4.99	9.35	31.20	33.58	16.93

注：除表格中所列国家外，西亚其他国家森林面积太小，未参与统计。

2.3.3　草地生态系统

（1）草地是西亚地区的主要植被类型，分布在亚美尼亚高原，扎格罗斯山脉以及厄尔布尔士山脉边缘以及高加索山脉

草地是西亚地区最为主要的自然植被类型，总计面积 66.47 万 km²，占西亚区域总面积的 10.74%，人均 0.20hm²。从图 2-23 可以看出，西亚草地主要分布在北部的高原及山地，尤其集中在土耳其东部，亚美尼亚南部，扎格罗斯山脉以及厄尔布尔士山脉边缘以及高加索山脉。草原以热带和亚热带荒漠和半荒漠草原为主，植被稀疏，种类很少，且有显著耐干旱特征，荒漠及半荒漠草原中多数植物为草本植物，其余为荆棘类和球茎类植物。

（2）西亚草地的植被覆盖度（FVC）平均值为 4.17%，约有一半的草地植被覆盖度大于 50%，亚美尼亚年草地 FVC 均值最高

根据 1km 遥感植被覆盖度产品分析结果（图 2-24），2014 年西亚地区草地平均覆盖度为 4.17%。约 60% 草地的植被覆盖度小于 40%，多分布在西亚的北部地区。西亚草地年最大植被覆盖度空间分布差异明显，土耳其东部、亚美尼亚、格鲁吉亚南部及阿塞拜疆西部部分地区 FVC 高于 80%，土耳其腹地 FVC 为 20%～80%，呈由西向东递增趋势，而伊朗境内草地最大 FVC 普遍低于 40%，也门境内草地 FVC 更低至 20% 以下。

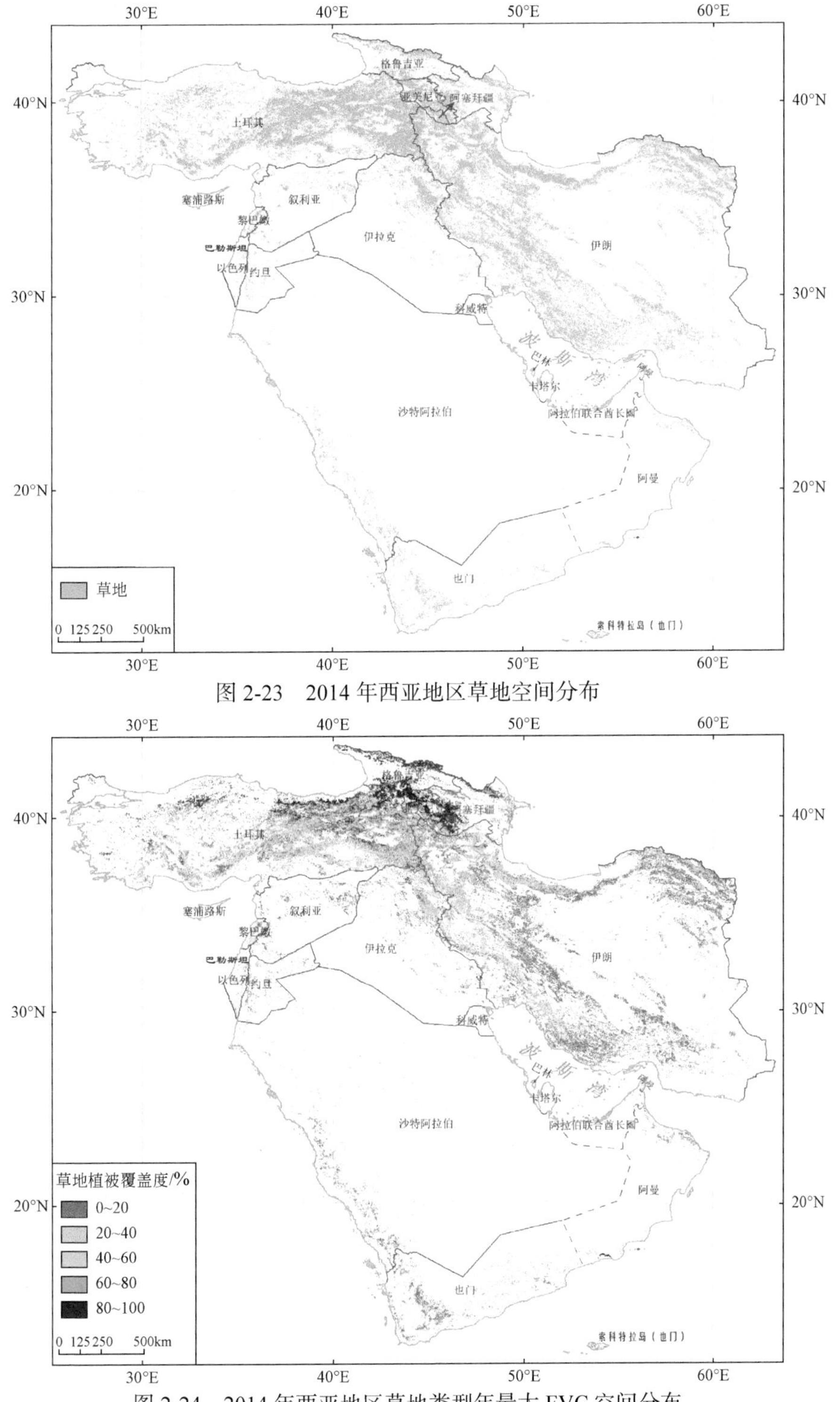

图 2-23　2014 年西亚地区草地空间分布

图 2-24　2014 年西亚地区草地类型年最大 FVC 空间分布

由表 2-8 可以看出，西亚各国（地区）年最大 FVC 分布差异显著，年最大 FVC 均值最高为亚美尼亚，达到 55.24%，其次为格鲁吉亚、阿塞拜疆和土耳其，年最大 FVC 均值分别为 29.24%、18.56% 和 15.54%，其他国家年最大 FVC 均值均低于 10%。各国年最大 FVC 主要为 20% ～ 40%，其次集中于 20% 以下范围，除格鲁吉亚、亚美尼亚和阿塞拜疆等国家年最大 FVC 主要在 80% ～ 100% 内分布外，塞浦路斯、伊拉克、以色列和巴勒斯坦、叙利亚、黎巴嫩和土耳其年最大 FVC 主要为 20% ～ 60%，其他国家年最大 FVC 均在 20% 以下。

表 2-8　2014 年西亚各国（地区）草地年最大 FVC 统计

国家（地区）	年最大 FVC 均值 /%	年最大 FVC 级别所占比例 /%				
		＜ 20	20 ～ 40	40 ～ 60	60 ～ 80	80 ～ 100
亚美尼亚	55.24	1.60	9.18	7.54	6.97	74.71
格鲁吉亚	29.24	2.52	4.30	3.92	4.35	84.91
阿塞拜疆	18.56	14.85	29.71	11.50	7.83	36.12
土耳其	15.54	5.07	34.90	27.69	14.30	18.03
黎巴嫩	7.38	22.32	36.81	21.38	12.48	7.02
伊朗	4.03	47.04	40.56	9.84	1.79	0.77
伊拉克	2.49	9.45	28.15	39.93	15.73	6.74
以色列和巴勒斯坦	1.27	12.95	45.38	26.71	9.34	5.62
塞浦路斯	0.93	2.58	25.77	39.18	24.23	8.25
叙利亚	0.66	45.66	35.98	7.99	3.73	6.65
也门	0.40	89.12	9.55	0.91	0.26	0.16
阿曼	0.22	58.22	6.28	2.29	2.93	30.28
约旦	0.22	81.05	15.24	3.52	0.19	0.00
沙特阿拉伯	0.05	88.40	11.31	0.21	0.07	0.00
全区域均值	9.73	34.35	23.79	14.47	7.44	19.95

注：除表格中所列国家外，西亚其他国家草地面积太小，未参与统计。

（3）西亚地区草地年最大 LAI 空间分布差异明显，草地年最大 LAI 值普遍小于 2，但亚美尼亚年最大 LAI 均值达 11.53

利用遥感植被 LAI 产品分析 2014 年西亚地区草地类型年最大 LAI 空间分布特征（图 2-25）。西亚地区草地年最大 LAI 普遍小于 2，最大不超过 6.5，呈现与最大 FVC 同样分布趋势。

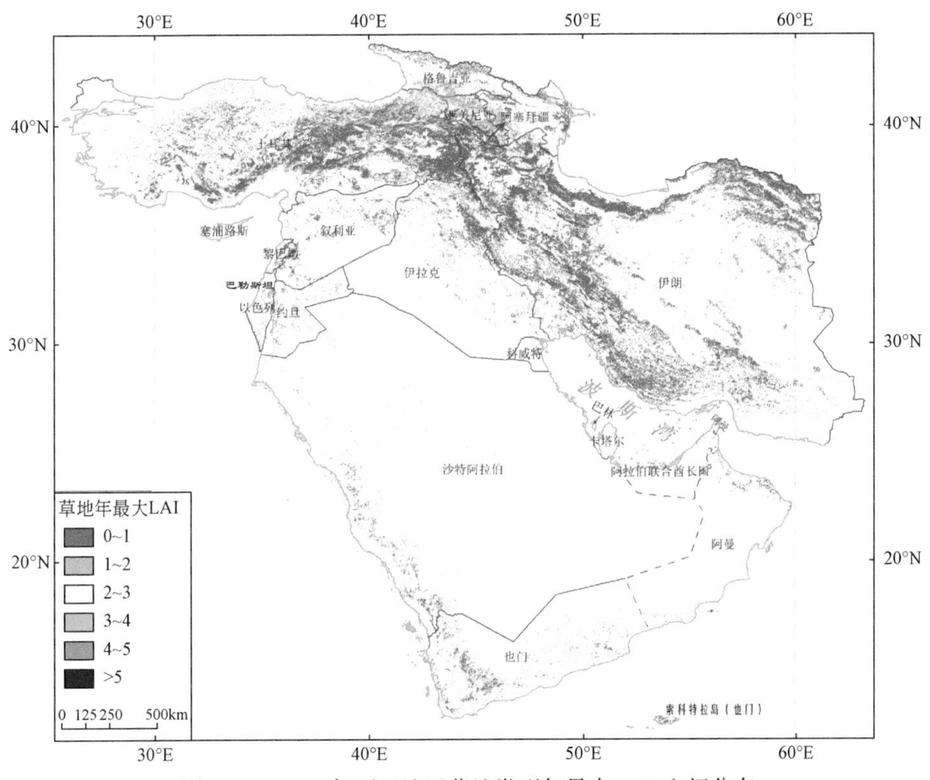

图 2-25　2014 年西亚地区草地类型年最大 LAI 空间分布

统计西亚区草地类型年最大 LAI 分析各国差异特征（表 2-9）。西亚年最大 LAI 普遍较低；除亚美尼亚、格鲁吉亚、阿塞拜疆、土耳其和黎巴嫩五国的年最大 LAI 平均值高于区域均值 0.75 外，其余国家均低于区域平均水平。年最大 LAI 大于 5 的比例较高的国家有格鲁吉亚、亚美尼亚、塞浦路斯、土耳其和阿塞拜疆，年最大 LAI 大于 5 的比例在 60% 以上。

表 2-9　西亚各国（地区）草地年最大 LAI 统计

国家（地区）	年最大 LAI 均值	年最大 LAI 级别所占比例 /%					
		＜1	1～2	2～3	3～4	4～5	＞5
亚美尼亚	11.53	0.01	0.79	1.77	2.66	3.14	91.64
格鲁吉亚	6.45	0.25	1.09	1.50	1.28	1.16	94.72
阿塞拜疆	3.66	0.26	8.75	11.61	10.97	8.41	60.01
土耳其	2.74	0.16	2.04	6.14	9.46	11.73	70.47
黎巴嫩	1.22	9.37	11.24	14.10	9.78	10.36	45.15
伊朗	0.65	13.37	28.57	17.61	13.87	10.17	16.42
伊拉克	0.41	9.76	9.00	7.40	7.03	9.12	57.69
以色列和巴勒斯坦	0.22	25.54	9.52	5.81	10.64	11.62	36.88

续表

国家（地区）	年最大 LAI 均值	年最大 LAI 级别所占比例 /%					
		＜1	1～2	2～3	3～4	4～5	＞5
塞浦路斯	0.15	1.68	1.12	2.23	5.03	11.73	78.21
叙利亚	0.14	32.24	33.86	14.15	5.99	3.41	10.35
也门	0.08	44.26	40.91	9.68	2.65	1.16	1.34
约旦	0.06	66.35	23.87	3.34	1.95	2.08	2.42
阿曼	0.05	69.72	11.79	4.30	1.32	0.34	12.53
沙特阿拉伯	0.01	51.82	33.30	11.00	2.88	0.73	0.27
全区域均值	0.75	10.24	17.13	11.77	10.64	9.57	40.65

注：除表格中所列国家外，西亚其他国家草地面积太小，未参与统计。

（4）西亚地区草地 NPP 由北向南，自东向西呈地带性分布，全区域草地年累积 NPP 偏低，但黎巴嫩草地 NPP 均值较高，达 3812.64gC/m^2

利用遥感 NPP 产品数据分析 2014 年西亚地区草地类型年累积 NPP 空间分布（图 2-26）。草地 NPP 由北向南，自东向西呈地带性分布。平均值为 1325.08gC/m^2，阿拉伯半岛西南部及伊朗南部及其东部部分区域 NPP 最高，超过 8000gC/m^2。

图 2-26　2014 年西亚地区草地类型年累积 NPP 空间分布

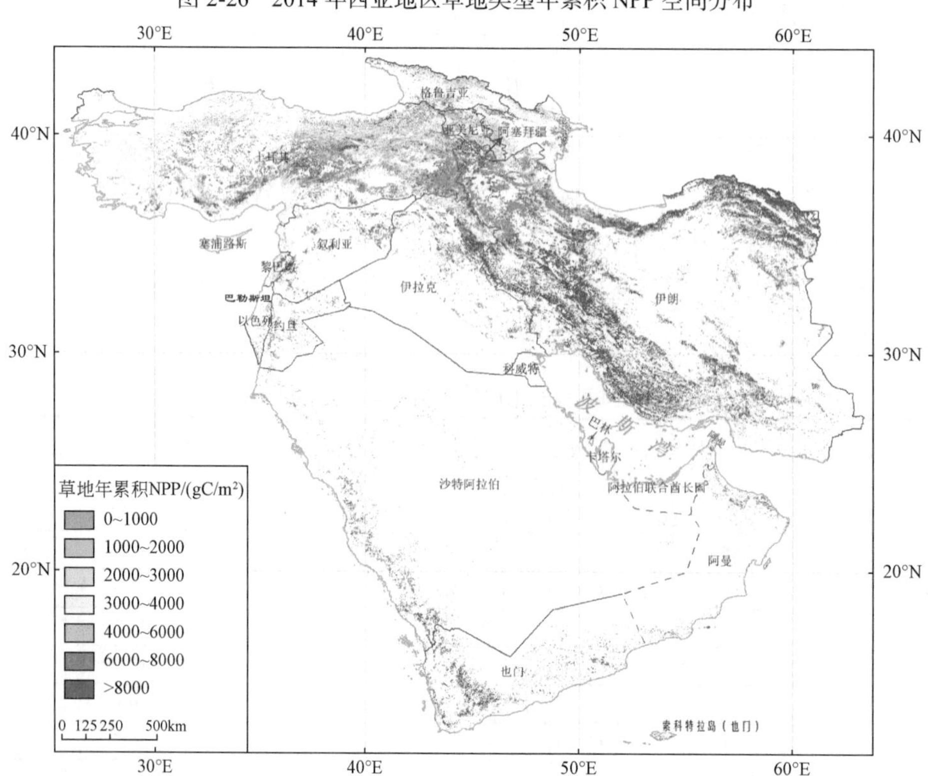

统计西亚各国（地区）草地类型年累积 NPP 结果（表 2-10），西亚各国（地区）年累积 NPP 平均值普遍较低，主要在 3000gC/m^2 以下。除伊朗、黎巴嫩、格鲁吉亚、亚美尼亚、阿塞拜疆和也门高于全区域平均值外，其余国家普遍低于区域平均值 1325.08gC/m^2；塞浦路斯、沙特阿拉伯、阿曼和伊拉克最高也不超过 1000gC/m^2。

表 2-10　西亚各国（地区）草地年累积 NPP 统计

国家（地区）	年累积 NPP 均值 /（gC/m^2）	年累积 NPP 级别所占比例 /%						
		＜ 1000	1000 ～ 2000	2000 ～ 3000	3000 ～ 4000	4000 ～ 6000	6000 ～ 8000	＞ 8000
黎巴嫩	3812.64	2.45	6.96	19.84	15.24	13.44	4.34	37.74
伊朗	2764.30	34.74	23.76	4.30	1.14	1.42	1.07	33.57
亚美尼亚	2405.76	0.68	10.17	12.74	19.85	39.10	14.13	3.33
也门	1542.30	17.98	4.92	1.18	1.00	1.81	1.56	71.55
阿塞拜疆	1524.67	2.72	29.51	17.89	12.36	27.17	1.91	8.44
格鲁吉亚	1466.30	1.46	5.09	7.94	20.23	31.23	24.79	9.27
约旦	1307.30	8.75	12.40	5.90	1.66	1.73	1.32	68.24
土耳其	1171.16	2.58	36.23	30.61	12.44	9.33	3.47	5.35
叙利亚	1067.56	15.16	20.60	6.38	2.38	2.60	3.83	49.06
以色列和巴勒斯坦	1021.44	1.90	4.04	26.78	18.19	8.91	2.72	37.46
阿曼	870.77	1.43	4.23	4.86	2.09	0.88	0.51	85.99
伊拉克	708.82	31.40	41.28	3.48	0.41	0.76	0.61	22.06
沙特阿拉伯	374.82	3.77	1.05	0.70	0.53	1.01	1.02	91.92
塞浦路斯	266.11	0.00	0.90	2.71	15.38	29.41	12.67	38.91
全区域均值	699.45	8.93	14.37	10.38	8.78	12.06	5.28	40.21

注：除表格中所列国家外，西亚其他国家草地面积太小，未参与统计。

2.3.4　灌丛生态系统

（1）灌丛是西亚仅次于草地的自然植被类型，分布范围广，遍及西亚高原山地

西亚地区灌丛面积合计 52.05 万 km^2，占区域总面积的 8.41%，是西亚地区面积仅次于草地的自然植被类型，人均约 0.16hm^2（图 2-27），主要分布在伊朗高原、美索不达米亚平原及阿拉伯半岛高原以及土耳其、叙利亚、以色列和巴勒斯坦及约旦境内。西亚灌丛主要属于热带和亚热带荒漠及半荒漠植被类型，灌丛稀疏，种类很少，有显著耐干旱特征，根系发达、肉质茎、针状叶，多为矮生和垫状灌木，多一年生的短生植物和多年生假短生植物。

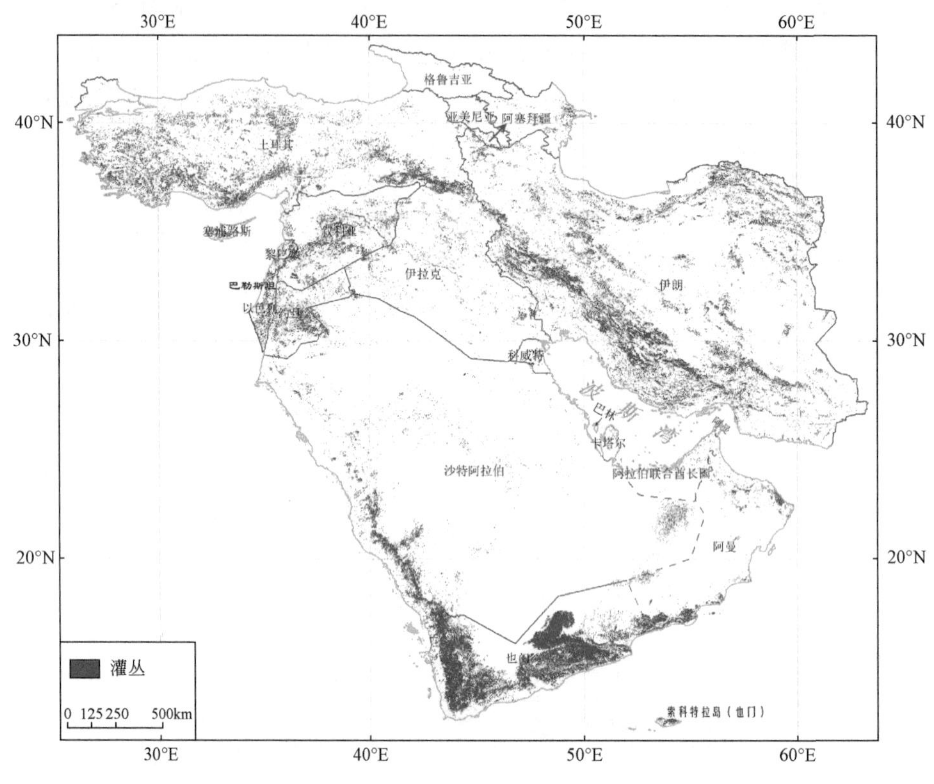

图 2-27　2014 年西亚地区草地空间分布

（2）西亚约一半以上面积灌丛 FVC 低于 60%，年最大 FVC 高值主要集中于土耳其境内的小亚细亚半岛以及安纳托利亚高原，尤其是黎巴嫩和塞浦路斯年最大 FVC 均值最高。

利用遥感植被盖度产品分析 2014 年西亚地区灌丛类型年最大植被覆盖度（FVC）空间分布（图 2-28）。灌丛的最大 FVC 平均值为 1.84%，约有一半以上面积的灌丛植被覆盖度低于 60%，多分布在西亚的南部地区。灌丛年最大 FVC 空间分布差异明显，呈自北向南递减趋势，其中土耳其境内的小亚细亚半岛以及安纳托利亚高原及东南部年最大 FVC 高于 60%，而伊朗境内灌丛年最大 FVC 在 20% 左右，也门境内灌丛 FVC 基本在 40% 以下。

统计西亚各国（地区）灌丛类型年最大 FVC，分析各国差异特征（表 2-11）。西亚最大 FVC 分布差异明显，覆盖度较低，年最大 FVC 均值最高为黎巴嫩，其值为 10.67%，其次为塞浦路斯和土耳其，年最大 FVC 均值分别为 9.9% 和 7%，其他国家年最大 FVC 均值均低于 5%。各国年最大 FVC 低于 40% 的占 67.66%，除格鲁吉亚和土耳其年最大 FVC 主要集中在 80% ～ 100% 内，其他国家灌丛草地年最大 FVC 主要分布于 60% 以下。

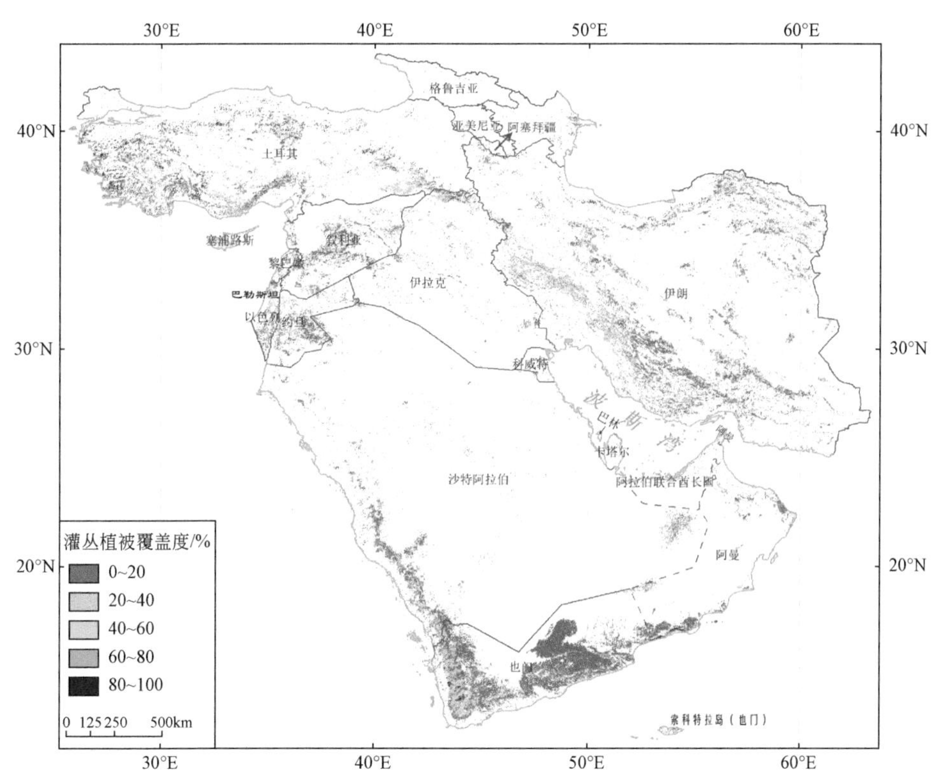

图 2-28　2014 年西亚地区灌丛年最大 FVC 空间分布

表 2-11　2014 年西亚各国（地区）灌丛年最大 FVC 统计

国家（地区）	年最大 FVC 均值 /%	年最大 FVC 级别所占比例 /%				
		＜ 20	20 ～ 40	40 ～ 60	60 ～ 80	80 ～ 100
黎巴嫩	10.67	13.00	29.34	17.19	21.98	18.49
塞浦路斯	9.90	0.51	17.01	43.22	34.89	4.37
土耳其	7.00	2.86	12.36	22.46	29.15	33.16
以色列和巴勒斯坦	4.57	7.41	20.85	30.09	25.28	16.38
也门	3.22	52.96	34.85	7.01	3.04	2.13
伊朗	1.81	57.81	30.47	8.32	2.04	1.36
阿塞拜疆	1.25	38.23	31.87	13.86	8.05	7.99
伊拉克	1.14	10.47	18.14	34.11	23.92	13.35
约旦	0.78	90.42	4.73	4.08	0.59	0.18
叙利亚	0.73	45.18	25.26	7.98	10.25	11.33
阿曼	0.49	51.03	15.14	4.36	3.66	25.81
亚美尼亚	0.23	3.78	40.00	31.89	11.89	12.43

续表

国家（地区）	年最大 FVC 均值 /%	年最大 FVC 级别所占比例 /%				
		＜ 20	20 ～ 40	40 ～ 60	60 ～ 80	80 ～ 100
沙特阿拉伯	0.22	73.18	24.74	1.65	0.37	0.07
格鲁吉亚	0.19	8.76	8.03	12.41	7.30	63.50
全区域均值	1.86	42.45	25.21	12.14	9.99	10.22

注：除表格中所列国家外，西亚其他国家灌丛面积太小，未参与统计。

（3）西亚地区灌丛年最大 LAI 空间分布呈自北向南递减趋势，草地年最大 LAI 值普遍较低，尤其是也门和土耳其最低

利用遥感植被 LAI 产品分析 2014 年西亚地区灌丛类型年最大 LAI 空间分布特征（图 2-29）。西亚地区灌丛年最大 LAI 普遍小于 1，最大不超过 5.5，年最大 LAI 在空间上呈自北向南递减趋势，与年最大 FVC 分布趋势相同。

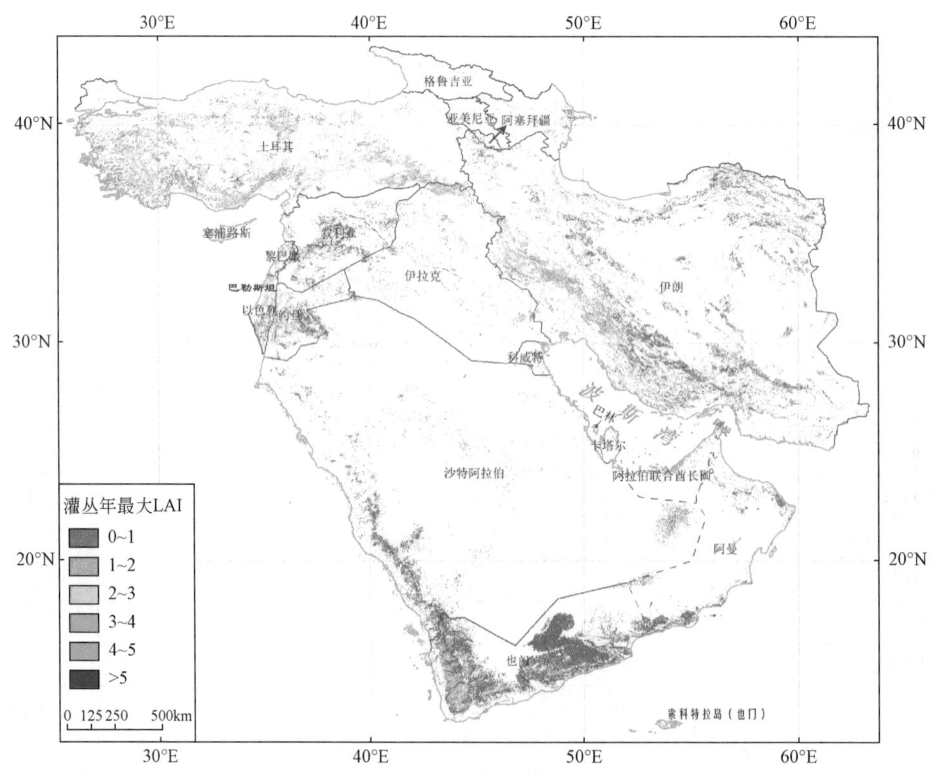

图 2-29　2014 年西亚地区灌丛年最大 LAI 空间分布

统计西亚各国（地区）灌丛类型年最大 LAI，分析各国差异特征（表 2-12）。西

亚各国（地区）的灌丛年最大 LAI 普遍较低；除塞浦路斯、黎巴嫩、以色列和巴勒斯坦、土耳其和也门等国的年最大 LAI 高于区域均值 0.35 外，其余国家均低于区域平均水平。格鲁吉亚、塞浦路斯和土耳其最大 LAI 大于 5 的比例超过 80%；塞浦路斯、土耳其和格鲁吉亚的年最大 LAI 大于 5 的面积占比较高，分别为 90.49%、89.39% 和 84.67%。

表 2-12　西亚各国（地区）灌丛年最大 LAI 统计

国家（地区）	年最大 LAI 均值	年最大 LAI 级别所占比例 /%					
		＜1	1～2	2～3	3～4	4～5	＞5
塞浦路斯	1.87	0.00	0.15	0.46	3.24	5.65	90.49
黎巴嫩	1.86	3.48	6.73	12.28	9.00	7.55	60.95
土耳其	1.30	0.10	1.62	2.53	2.65	3.69	89.39
以色列和巴勒斯坦	0.82	34.07	7.00	2.17	3.14	5.31	48.31
也门	0.75	51.88	21.89	9.31	6.34	3.68	6.90
伊朗	0.30	19.57	33.03	16.37	9.92	6.95	14.16
叙利亚	0.23	49.98	26.47	12.70	2.43	1.21	7.22
伊拉克	0.21	19.33	14.10	9.42	3.94	3.82	49.39
阿塞拜疆	0.20	0.85	28.69	15.47	12.74	8.15	34.10
约旦	0.19	56.94	35.45	3.18	0.73	0.70	3.00
阿曼	0.13	71.63	12.84	4.14	1.80	0.95	8.64
沙特阿拉伯	0.04	44.65	27.38	15.98	7.37	2.45	2.18
格鲁吉亚	0.04	0.00	5.11	4.38	2.19	3.65	84.67
亚美尼亚	0.04	0.00	3.24	4.86	15.14	13.51	63.24
全区域均值	0.35	31.29	22.29	10.81	6.50	4.45	24.66

注：除表格中所列国家外，西亚其他国家灌丛面积太小，未参与统计。

（4）西亚地区灌丛年累积 NPP 空间差异较大，没有明显地带性变化趋势，也门和叙利亚的年累积 NPP 均值最高

利用遥感 NPP 产品数据分析 2014 年西亚地区灌丛类型年累积 NPP 空间分布特征（图 2-30）。灌丛年累积 NPP 空间差异显著，年累积 NPP 均值为 $1875.28gC/m^2$。年累积 NPP 在 $6000gC/m^2$ 的地区主要包括地中海沿岸的叙利亚腹地、伊朗南部荒漠草原区以及阿拉伯半岛西南部也门境内；年累积 NPP 在 3000 ～ $4000gC/m^2$ 的主要集中于土耳其西部；年累积 NPP 在 $3000gC/m^2$ 的主要分布于伊朗西部和也门西部。

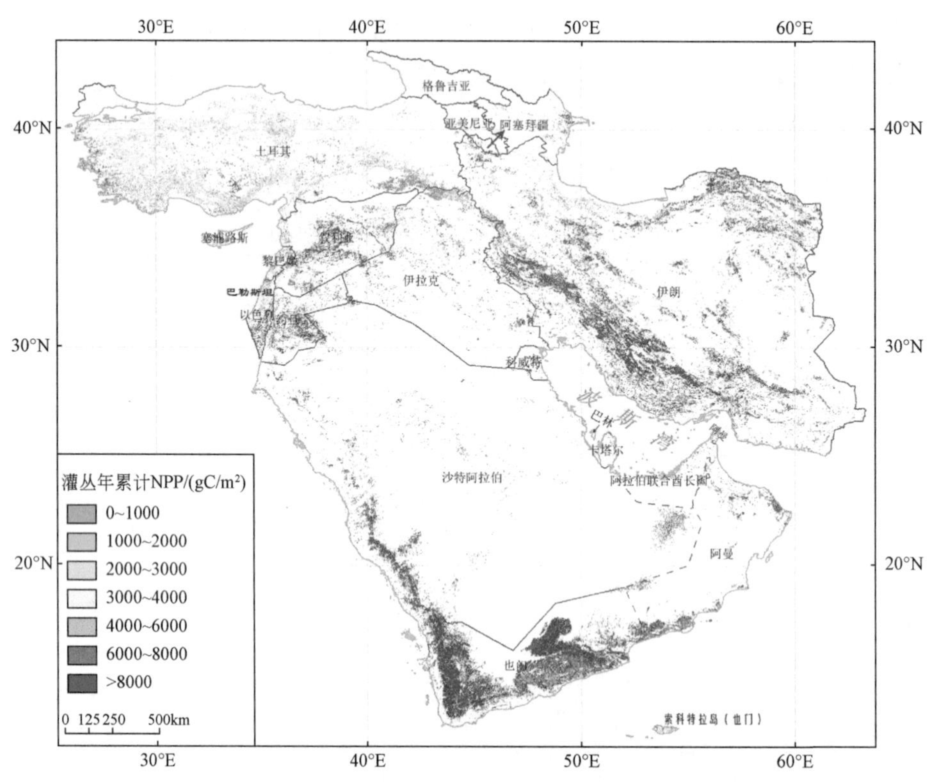

图 2-30　2014 年西亚地区灌丛类型年累积 NPP 空间分布

统计西亚各国（地区）灌丛类型统计年累积 NPP 结果（表 2-13），西亚各国（地区）年累积 NPP 值分布不均，无地带性趋势，除伊拉克、阿塞拜疆、格鲁吉亚、亚美尼亚和土耳其低于 1000gC/m^2，阿联酋、塞浦路斯和沙特阿拉伯年累积 NPP 低于区域平均水平（1875.28gC/m^2）外，其他国家普遍高于区域平均值，且也门、以色列和巴勒斯坦的年累积 NPP 均值达到 7195.19gC/m^2 和 6926.42gC/m^2。各国年累积 NPP 所占比例在不同级别中也相差较大，占比例较大等级在小于 1000gC/m^2 和大于 8000gC/m^2 区间内，尤其明显的是阿联酋和科威特大于 8000gC/m^2 所占比例达 98.37% 和 95.60%，而格鲁吉亚和土耳其仅占 5.84% 和 8.31%。

表 2-13　西亚各国（地区）灌丛年累积 NPP 统计

国家（地区）	年累积 NPP 均值 /（gC/m^2）	年累积 NPP 级别所占比例 /%						
		＜ 1000	1000 ～ 2000	2000 ～ 3000	3000 ～ 4000	4000 ～ 6000	6000 ～ 8000	＞ 8000
也门	7195.19	27.63	13.42	1.90	1.29	2.19	1.86	51.72
以色列和巴勒斯坦	6926.42	0.95	2.24	4.81	9.99	14.12	7.12	60.77

续表

国家（地区）	年累积 NPP 均值 /（gC/m²）	年累积 NPP 级别所占比例 /%						
		＜ 1000	1000 ～ 2000	2000 ～ 3000	3000 ～ 4000	4000 ～ 6000	6000 ～ 8000	＞ 8000
叙利亚	4669.92	5.34	6.25	2.19	1.07	2.26	2.88	80.00
约旦	4541.31	12.06	9.51	3.28	1.97	2.00	1.56	69.62
黎巴嫩	2645.68	2.34	7.18	17.96	11.97	20.21	12.30	28.04
阿曼	2202.48	4.27	16.13	3.23	1.94	1.68	1.25	71.50
科威特	2075.44	2.49	0.00	0.44	0.00	0.88	0.59	95.60
伊朗	2029.45	40.73	8.91	1.63	1.11	1.63	1.19	44.81
塞浦路斯	1512.95	0.36	0.56	0.81	7.73	31.59	17.65	41.30
阿联酋	1083.13	0.41	0.41	0.20	0.07	0.34	0.20	98.37
沙特阿拉伯	1044.07	10.52	2.31	0.89	0.75	1.33	1.13	83.07
伊拉克	779.11	11.35	28.00	15.69	0.59	1.00	0.85	42.52
土耳其	537.85	0.93	13.16	19.83	23.15	26.21	8.42	8.31
阿塞拜疆	371.39	4.90	31.36	18.99	11.49	7.91	0.95	24.40
亚美尼亚	36.47	3.45	26.44	23.56	22.41	8.05	1.72	14.37
格鲁吉亚	9.48	0.73	17.52	18.98	25.55	21.90	9.49	5.84
全区域均值	1875.28	22.12	10.96	5.43	5.06	6.23	2.81	47.38

注：除表格中所列国家外，西亚其他国家灌丛面积太小，未参与统计。

2.4 “一带一路”开发活动的主要生态环境限制

2.4.1 自然环境限制

（1）地形限制

西亚 DEM 及坡度空间分布数据显示，西亚地势东北、西南高，中间低（图 2-31），北部多山地和高原，东北部的伊朗高原和土耳其的安纳托利亚高原海拔最高，达 5000m 以上，平均坡度 20° 以上。阿拉伯半岛西南部的阿拉伯高原海拔较高，平均 3000m 以上，坡度最高达 30° ～ 40°，开发的地形限制大。

（2）气候干旱及水资源缺乏限制

西亚大部分地区降水稀少，气候干旱，水资源短缺，北回归线从西亚中部穿过，大部分地域处于副热带高压和干燥的东北信风控制之下，同时，西亚西南临干旱的北非，加之高原边缘有高大山系环绕，所以气候干燥，多属热带和亚热带沙漠气候。受副热带高压控制，气流下沉不易成云致雨，降水很少，蒸发强烈。年降水量多在 250mm 以下，仅山地和地中海沿岸地带降水较丰富。地中海东岸塞浦路斯、叙利亚、黎巴嫩、以色列

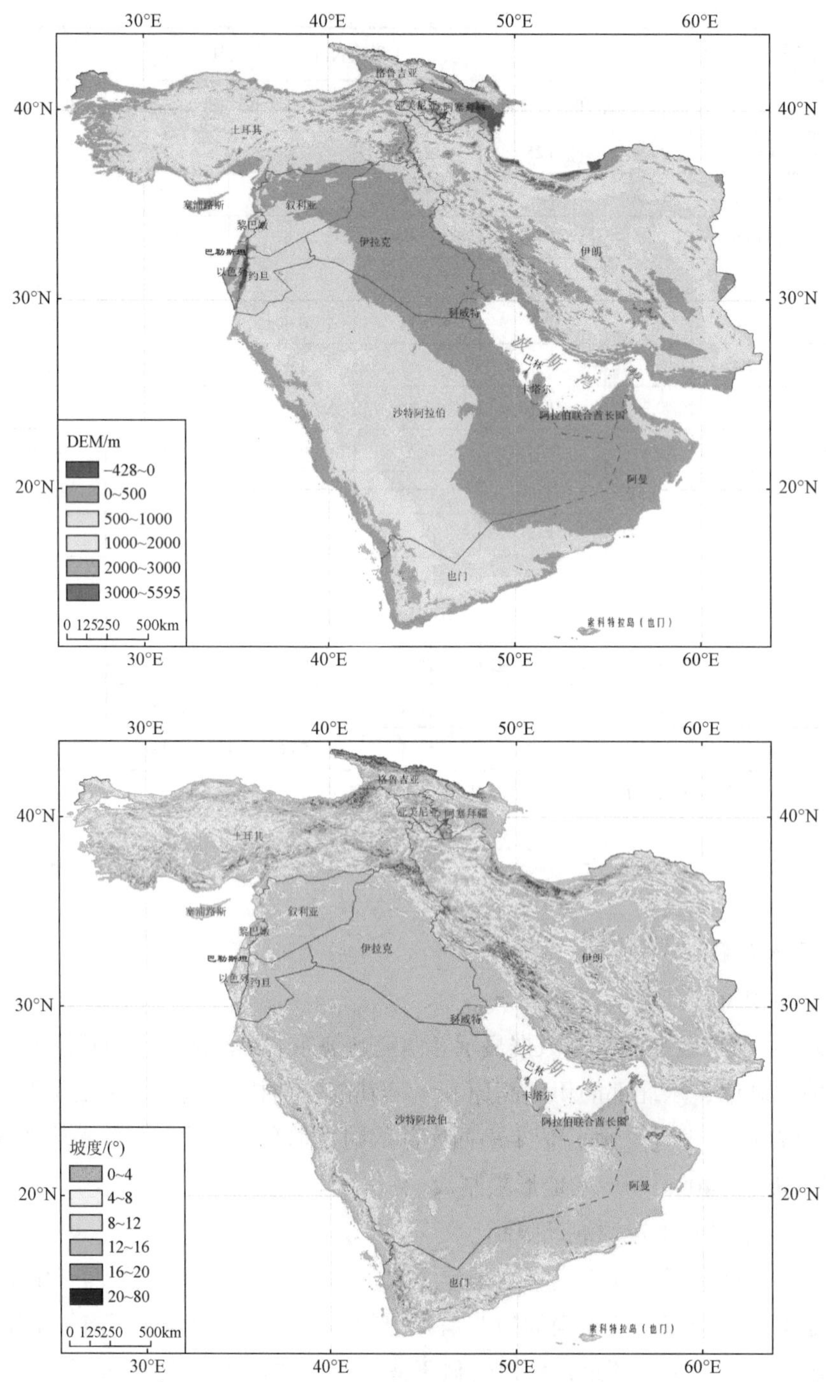

图 2-31　西亚地区 DEM 及坡度空间分布

和巴勒斯坦及约旦等国为冬雨夏干的地中海式气候，受副热带高压和西风带的季节性交替控制。阿拉伯半岛等地降水稀少，是世界著名的干燥气候区。受降水和地形的制约，本区内陆流域及无流区面积广大，地表径流贫乏，河网稀疏。除幼发拉底河与底格里斯河外，多为短小河流，大部分发源于高原边缘山地，靠冰川融雪水补给，河流水量较小，季节变化显著。降水量低情况下，在热带沙漠气候影响下，蒸散量大，导致西亚严重缺水。

基于土地覆盖数据中水体类型分布（图 2-32），2014 年西亚的水体总面积为 36417.31km^2，占总面积的 0.59%，人均占有量为 1.12km^2/ 万人，主要分布在土耳其东部，伊朗北部及伊拉克东北部湖泊区域。西亚内流区和无流区面积占全区面积的 75%，其中阿拉伯半岛上的沙特阿拉伯、科威特、阿曼、阿联酋、卡塔尔、也门、巴林七个国家由于降水很少，地面没有河流，被称为“无流国”。西亚主要河流仅有幼发拉底河、底格里斯河和约旦河，分别分布在伊拉克和伊朗交界处的美索不达米亚平原和约旦境内。

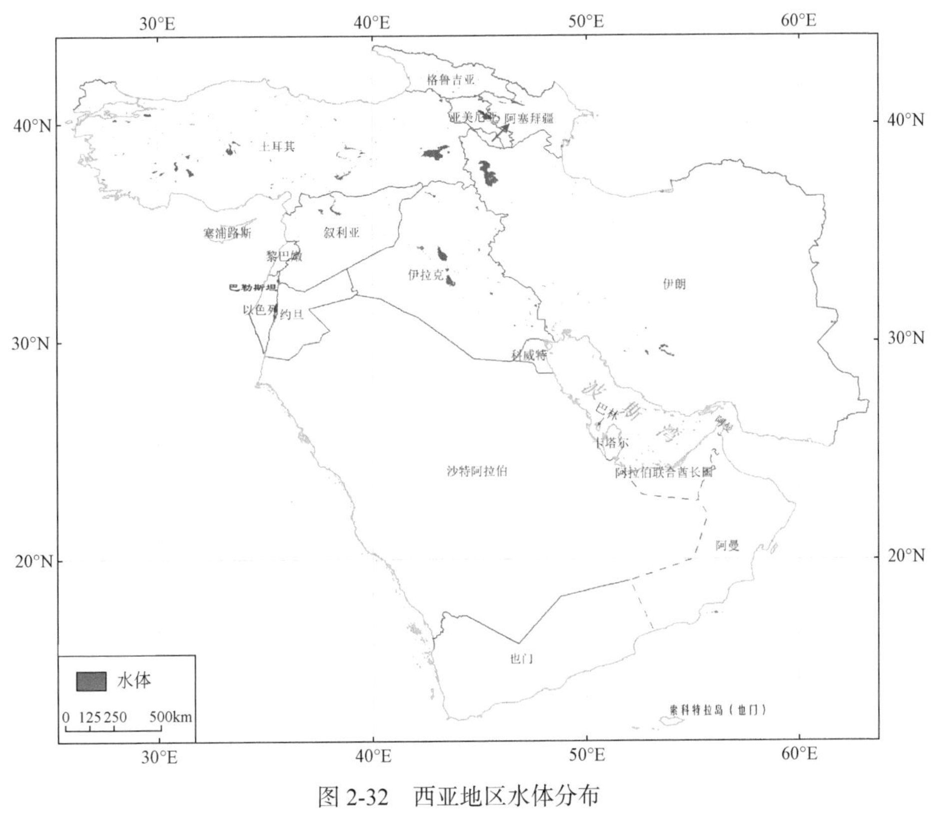

图 2-32　西亚地区水体分布

（3）沙漠分布限制

西亚绝大部分地区位于干旱或极干旱区，土地大面积裸露，并有广泛的沙漠分布。基于 MODIS 数据的裸地信息提取结果显示（图 2-33），2014 年西亚的裸地总面积 37.77

万 km²，占西亚区域总面积的61.04%，36°N以南的广大地区均被裸地与沙漠覆盖，包括伊朗中、东部地区及整个阿拉伯半岛。大面积沙漠和裸地的分布对开发形成极大限制。

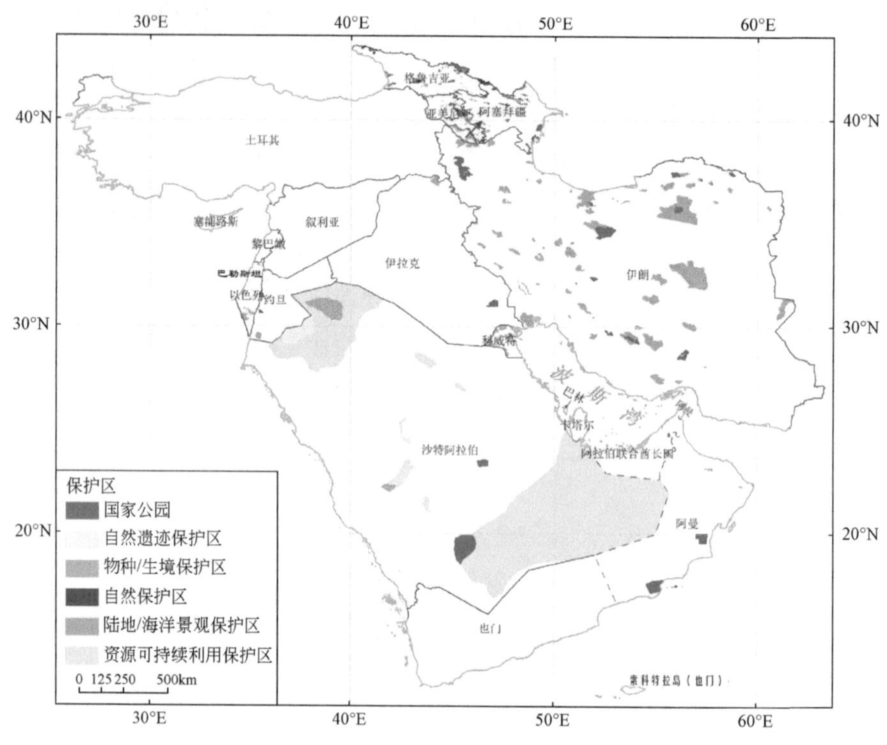

图 2-33　西亚地区裸地与沙漠分布

2.4.2　自然保护对开发的限制

按照IUCN国际自然保护联盟的自然保护区分类标准对西亚各类型自然保护区分析（图2-34、图2-35），西亚各种类型自然保护区面积合计74.59万 km²，约占西亚总面积的12.05%。其中，自然保护区32个，总面积0.34万 km²；国家公园64个，总面积4.93万 km²；自然遗迹保护区32个，总面积1.24万 km²；物种 / 生境保护区139个，总面积6.67万 km²；陆地 / 海洋景观保护区65个，总面积5.46万 km²；资源可持续利用保护区10个，总面积55.95万 km²。主要分布在伊朗、沙特阿拉伯及高加索地区，约旦、伊拉克、阿曼也有少量分布。从保护区类型看，资源可持续利用保护区所占比例较高，达75.90%，主要分布于沙特阿拉伯。

从西亚各类保护区占地面积及在各国家所占比例（图2-36）来看，伊朗以国家公园、物种 / 生境保护区和陆地 / 海洋景观保护区为主，有少量自然保护区分布，而沙特阿拉伯境内以自然遗迹和资源可持续利用保护区为主，这两类保护区几乎完全分布在沙特阿拉伯境内，国家公园和物种 / 生境保护区在沙特阿拉伯境内也有一定分布，自然保护区主要分布在伊拉克、亚美尼亚及阿塞拜疆，阿曼境内主要是国家公园类型保护区，其他国家仅有零星保护区分布。

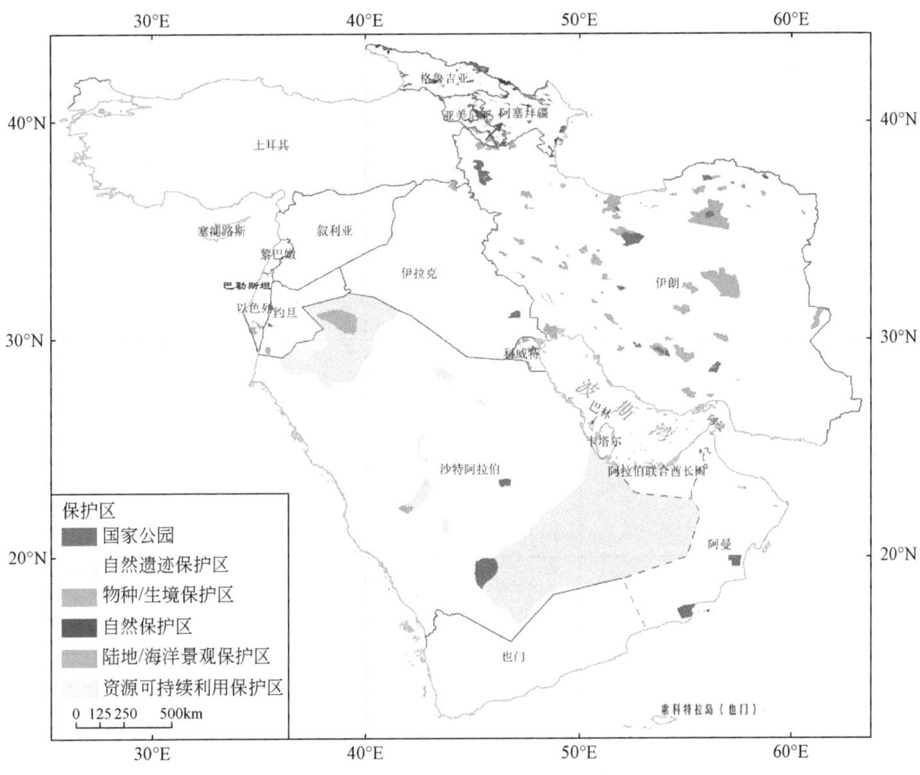

图 2-34　西亚地区自然保护区分布图

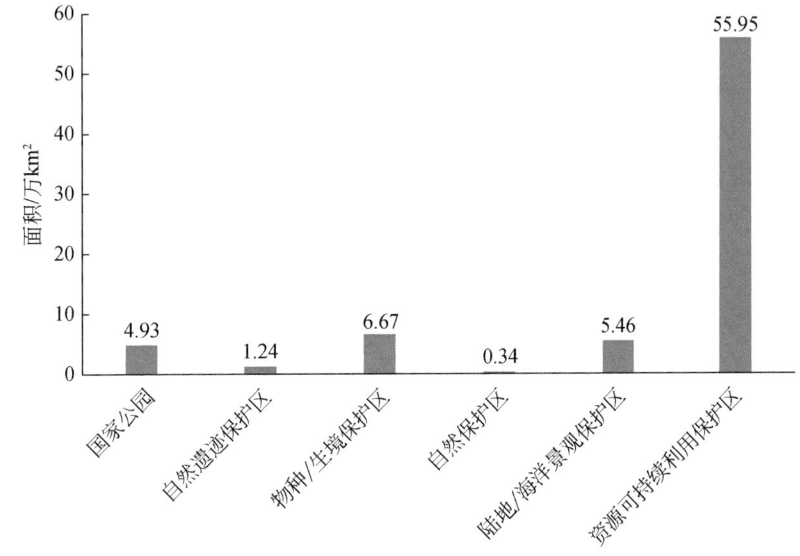

图 2-35　西亚各类自然保护区面积

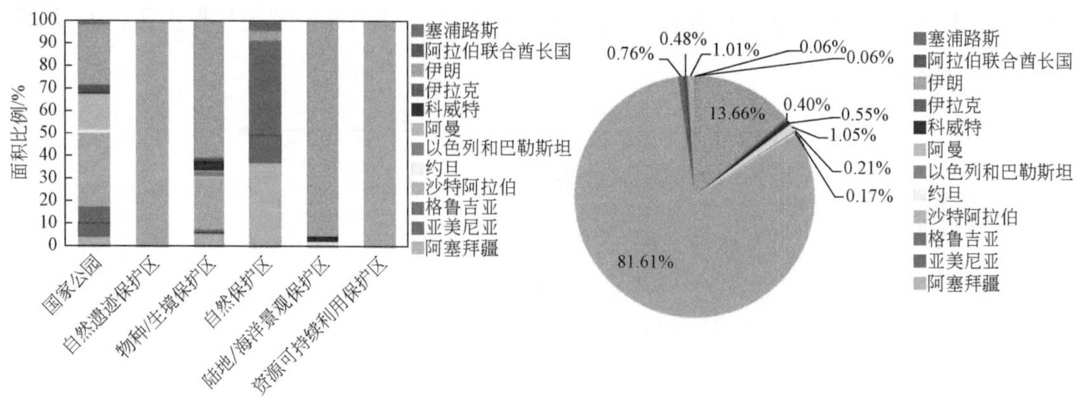

图 2-36　西亚各类保护区占各国面积比例

2.5　小　　结

西亚地区的土地覆盖以裸地、农田为主。其中，土地覆盖面积最大、分布最广的是裸地，占总面积的 61.04%，主要分布在沙特阿拉伯及伊朗；其次是农田，占总面积的 15.34%，主要分布在地势平坦而且土地肥沃的美索不达米亚平原及土耳其境内，以灌溉农业为主。同时，农田、森林、灌丛和草地等是西亚开发强度较高的土地覆盖类型，主要集中于小亚细亚半岛和美索不达米亚平原等地，而阿拉伯半岛和伊朗东南部绝大部分为荒漠和裸地区域，由于开发难度极大，导致其土地开发强度很低。

主要气候资源中气温空间分布差异较大，大部分地区年平均气温高于 24℃；光合有效辐射总体较强，呈现由东北向西南逐渐增加的趋势；降水呈现自北向南降水量逐渐减少趋势，平均降水量明显低于全球陆地平均降水量，平均年蒸散量低于全球陆地平均蒸散量；高加索山脉西部及土耳其北部、美索不达米亚平原和扎格罗斯山脉交汇处年水分盈余在 500mm 以上；其他大部分地区水分亏缺严重，其分布与降水的空间分布基本一致。

西亚地区农田主要集中于小亚细亚半岛及美索不达米亚平原，主要粮食作物包括小麦和玉米，农作物以一年一熟的种植模式为主；西亚的森林分布较少，主要分布在土耳其北部、高加索山脉及厄尔布尔士山脉，且森林生物量普遍较低；草地是西亚地区最为主要的自然植被类型，主要分布在美索不达米亚平原，扎格罗斯山脉以及厄尔布尔士山脉边缘以及高加索山脉，植被覆盖度和年最大 LAI 空间分布差异明显，亚美尼亚年最大两者均为最高，NPP 由北向南，自东向西呈地带性分布；灌丛是仅次于草地的西亚地区主要自然植被类型，主要分布在也门腹地及其西部阿拉伯半岛的山脉地区，植被覆盖度和年最大 LAI 空间分布呈自北向南递减趋势，年累积 NPP 空间差异较大，没有明显地带性变化趋势，也门和叙利亚的年累积 NPP 均值最高。

西亚大部分地域处于副热带高压和干燥的东北信风控制之下，降水稀少，气候干旱，多属热带和亚热带沙漠气候，大部分地区位于干旱或极干旱区，土地大面积裸露，并有广泛的沙漠分布。“一带一路”开发活动穿过大量保护区，许多保护区恰处于生态脆弱的区域，这些因素对“一带一路”建设起到极大的限制作用。

第 3 章　西亚重要节点城市分析

西亚是“丝绸之路经济带”和“21 世纪海上丝绸之路”的交汇之地，西亚各国也是中国的重要贸易伙伴，区域内拥有许多重要的港口和城市，对“一带一路”陆域和海域的交通和贸易发挥着重要的作用。“一带一路”倡议为中国和西亚各国的积极合作提供了新平台，也为西亚各国重点城市和港口带来新的发展机遇。这些城市，无论是地理位置还是经济发展条件，都有着各自的优势，如伊斯坦布尔、迪拜、安卡拉、德黑兰、特拉维夫、吉达、利雅得、阿巴斯港、多哈、亚丁等（图 3-1），这些城市或港口或位于海峡贸易咽喉处，或为国家政治经济文化中心，交通便利，资源丰富，同时也是当今与中国往来密切的重要港口和城市，具备“一带一路”重要节点的发展条件。

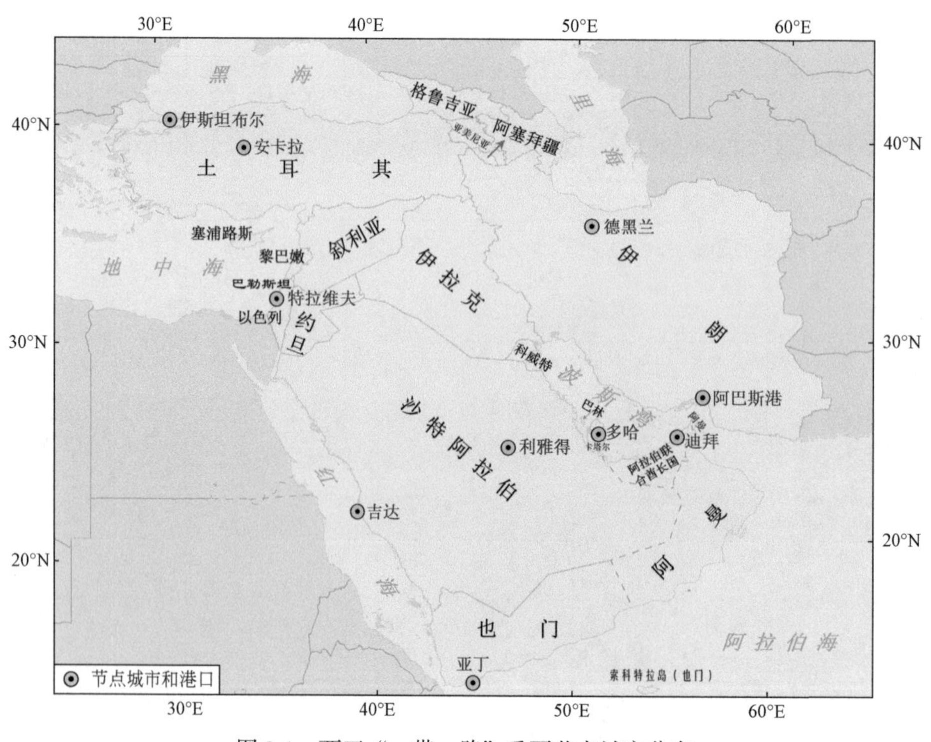

图 3-1　西亚“一带一路”重要节点城市分布

3.1　伊斯坦布尔

3.1.1　概况

伊斯坦布尔是土耳其最大的城市和港口，城市位于 41°00′N，28°58′E，被博斯普鲁斯海峡分成两个部分，一部分在欧洲、一部分在亚洲（图 3-2）。市区分成三个区，分别为欧洲区域的旧城区和贝依奥卢商业区、亚洲区域的于斯屈达尔区，市区的总面积大约为 5343km^2，2014 年人口约 1400 万人，人口密度达到 2700 人 /km^2，是土耳其人口最密集的城市。这里不仅是工商业的中心，也是土耳其的旅游胜地。城市交通便利，从海上可以通向欧洲、亚洲以及非洲，这一优势随着“一带一路”的提出，将更加突出伊斯坦布尔的地理位置优势，为其发展提供了新的契机。

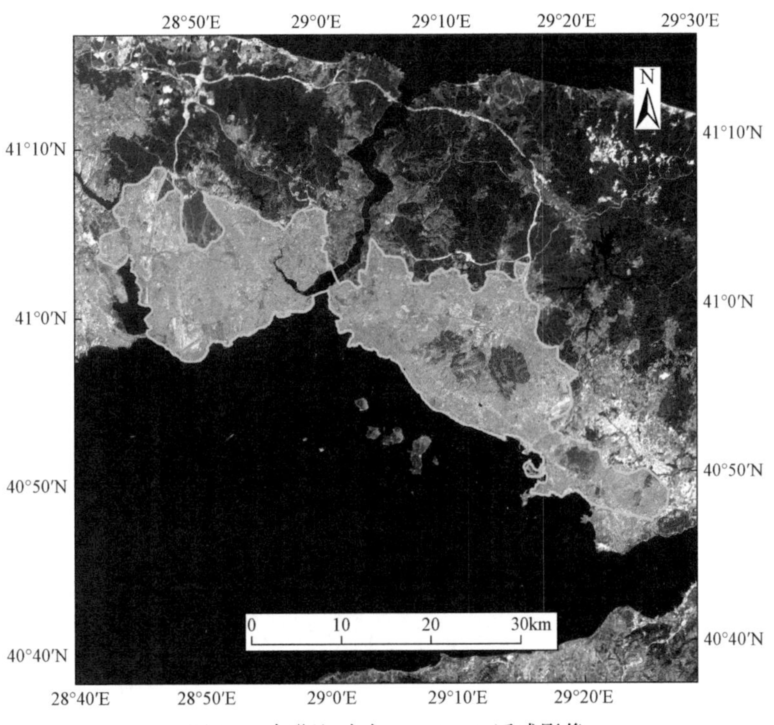

图 3-2　伊斯坦布尔 Landsat 8 遥感影像

3.1.2　典型生态环境特征

伊斯坦布尔属典型的地中海式气候，夏季炎热干燥，冬季温和多雨，地理位置优越，年平均气温为 14.2℃，城市建筑围山而建，城市化水平高，具有良好的自然地理环境特征。

（1）城市不透水层占地比 77.86%，绿地占地率 13.89%

以 2015 年 Landsat TM 数据为基础，对城市完成不透水层和绿地等的提取，提取结果如图 3-3 所示。伊斯坦布尔城市建成区内不透水层面积达 557.95km^2，占市区面积的 77.86%。城市人工绿地呈点星状相连，分布城市各地，自然植被集中，主要分布在亚洲部分中部地区，绿地总面积共 99.56km^2，占市区总面积的 13.89%。由于近年来城市人口不断增加，城市建筑相对集中，为了避免过度的集中，形成了位于市中心地区的工业区向城市的东西边界分散的发展模式，以线形和多中心的方式在空间拓展城市规模，逐渐分散集居的人口和经济活动，使之朝着城市两翼上新兴的中心转移。城市内部的裸地和水体占比较小，分别为 6.81% 和 1.44%。

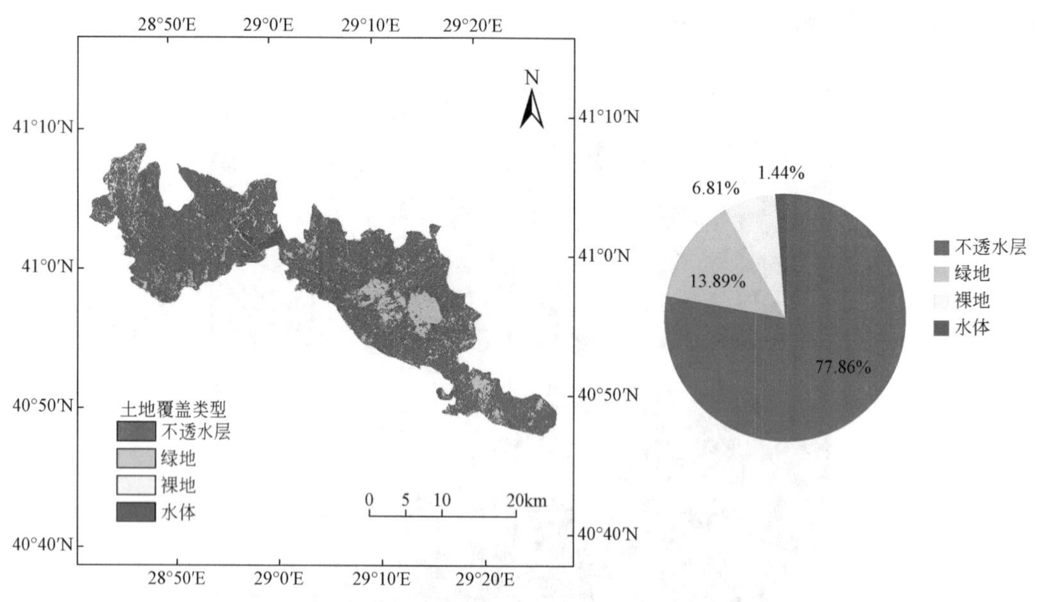

图 3-3　伊斯坦布尔建成区土地覆盖类型分布与面积统计

（2）城市周边 10km 缓冲区东北和西北部以农田为主，北部森林资源丰富

以 2010 年土地覆盖数据为基础，伊斯坦布尔建成区周边 10km 缓冲区为界线，分析其周边生态环境状况。从周边 10km 范围的土地利用（图 3-4）可以看出，建成区北部分布着大面积的森林，森林面积 308.63km^2，占缓冲区总面积的 14.30%，城市被博斯普鲁斯海峡分成两部分，一部分在欧洲，一部分在亚洲。农田主要分布于东北和西北方向，面积广大，占地面积 569.79km^2，占缓冲区总面积的 26.41%，说明城市周边的农业发达。南部有 848.98km^2 的海域，海洋资源丰富，目前城市建成区外延人造地表面积 313.25km^2。总体来看，伊斯坦布尔周边具有良好的自然环境。

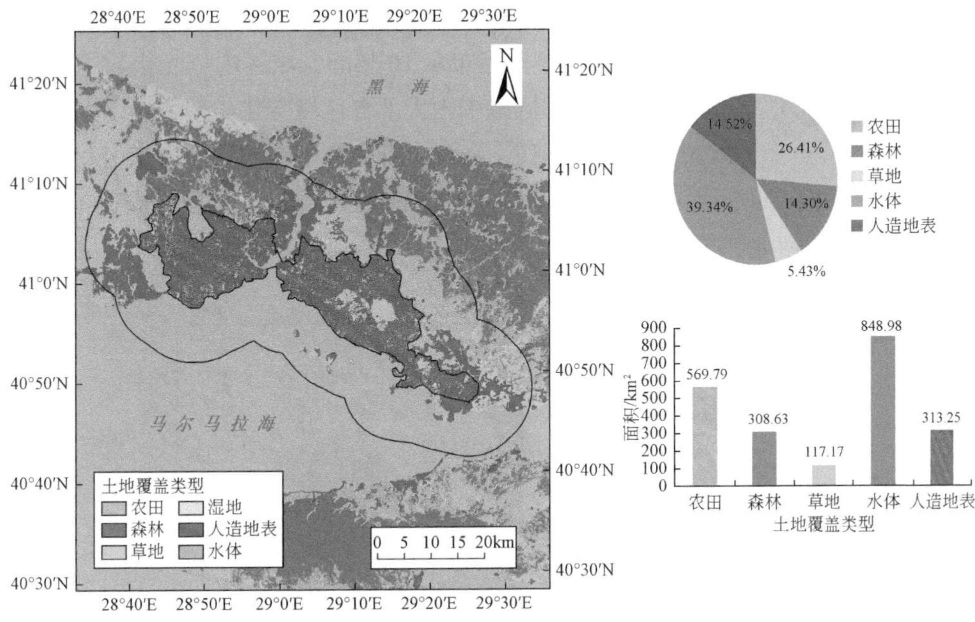

图 3-4　伊斯坦布尔建成区周边 10km 内土地覆盖类型分布与面积统计

3.1.3　城市空间分布现状、扩展趋势分析

建成区内灯光指数趋于饱和，10km 范围内增长速度迅速，其中，扩展速度最快的为西北和东南方向。由 2013 年灯光指数看出（图 3-5），伊斯坦布尔建成区内灯光指数趋

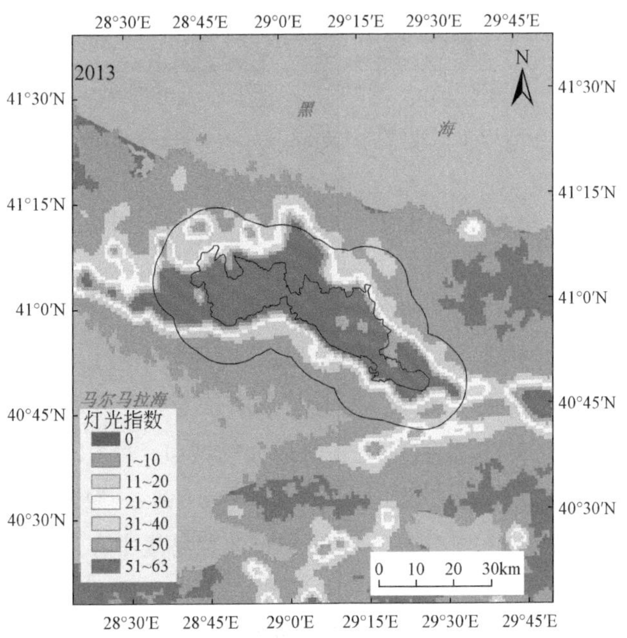

图 3-5　2013 年伊斯坦布尔及其周边夜间灯光指数分布

于饱和（50 以上为主），周边 10km 缓冲区范围内灯光指数小，面积大。结合 10 年灯光指数变化速率图可以看出（图 3-6），伊斯坦布尔 10 年间，城区内灯光指数增长相对缓慢，其斜率在 0.5 以下，周边 10km 缓冲区范围内大部分区域变化斜率在 1 以上，可见该区 10 年间人口和建筑的增长速度极其迅速，而城市灯光亮度面积主要沿东南和西北方向不断扩大，由于城市北部为山地，南部临马尔马拉海，因此，未来城市周边 10km 范围内的发展主要是向西北和东南方向扩张。

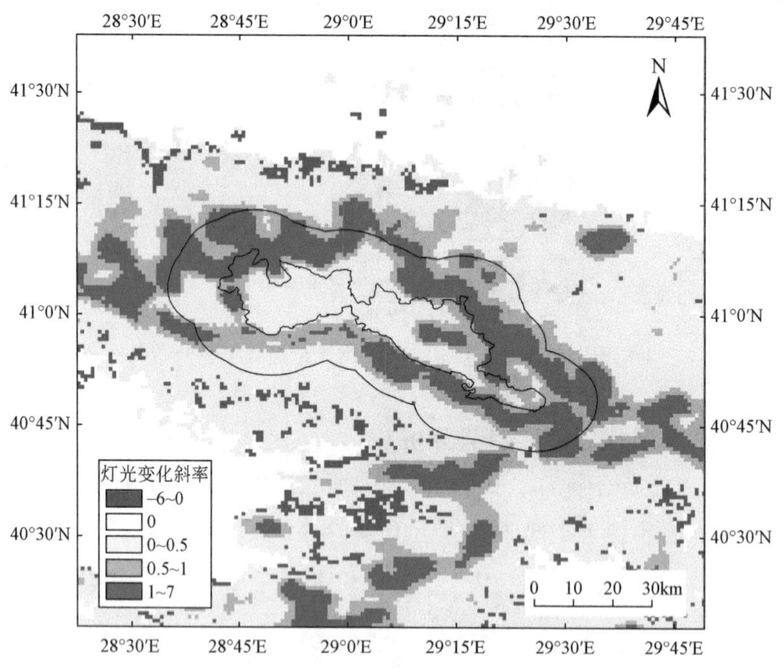

图 3-6　伊斯坦布尔及其周边 2000 ～ 2013 年灯光指数变化速率

3.2　迪　　拜

3.2.1　概况

迪拜位于阿拉伯半岛中部、波斯湾南岸，是海湾地区中心，与南亚次大陆隔海相望，被誉为海湾的明珠，海岸线长 734km，西北与卡塔尔为邻、西和南与沙特阿拉伯交界、东和东北与阿曼毗连（图 3-7）。它是阿联酋最大的城市，面积 3980km^2，约占全国总面积的 5%。2014 年人口 226.2 万人，约占全国人口的 41.9%，为人口最多的酋长国。经济实力在阿联酋排第一位，阿联酋 70% 左右的非石油贸易集中在迪拜，迪拜被称为阿联酋的“贸易之都”，也是中东地区的经济和金融中心（张卫景，2014）。因此，迪拜也是联通中国与西亚贸易的纽带，是“一带一路”重要的节点城市。

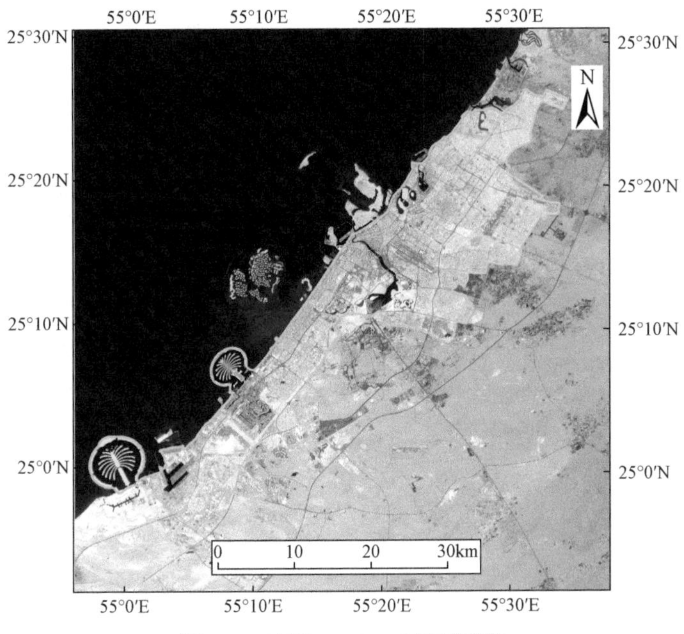

图 3-7　迪拜 Landsat 8 遥感影像

3.2.2　典型生态环境特征

迪拜位于阿联酋北部，西部毗邻波斯湾，地势平坦，迪拜的夏季（5 ～ 10 月）酷热，气温有时高达 40℃以上，局部沙漠地区有小沙暴，全年降水稀少，年均不足 100mm。被称为沙漠中的城市。

（1）城市不透水层占地比 70.91%，绿地占地率 3.84%

以 2015 年 Landsat TM 数据为基础，对城市不透水层和绿地等进行提取，提取结果如图 3-8 所示。迪拜城区中有多处裸露地表，裸地占地率为 17.96%，城市正不断扩建和改造，最明显标志为人工棕榈岛。目前，城市不透水层面积达 580.54km^2，占整个市区的 70.91%，城市街道规则有序，建筑相对均匀。迪拜虽然坐落在黄沙之上，但是城市水域面积较大，占比为 7.29%。城市绿地面积达 31.45km^2，占整个市区的 3.84%，被誉为“沙漠中的绿洲”。

（2）城市周边 10km 缓冲区以裸地为主，西邻波斯湾，自然资源不具优势

以 2010 年土地覆盖数据为基础，以迪拜建成区周边 10km 缓冲区为界线，分析其周边生态环境状况。从图 3-9 可以看出，迪拜周边 10km 范围内东部分布大面积的裸地，占地面积 1247.86km^2，占缓冲区总面积的 52.08%，植被覆盖面积只有 127.42km^2；西部 40.13% 的面积为波斯湾海域，可以说迪拜是一座沙漠中的城市，耕地和灌木林地分布分散，主要分布于东部区域，灌丛面积 82.09km^2，农田面积只有 37.58km^2。城市周边人造地表面积和占比也相对较低，占比仅为 2.39%，两个棕榈岛是城市的明显标志。湿地资

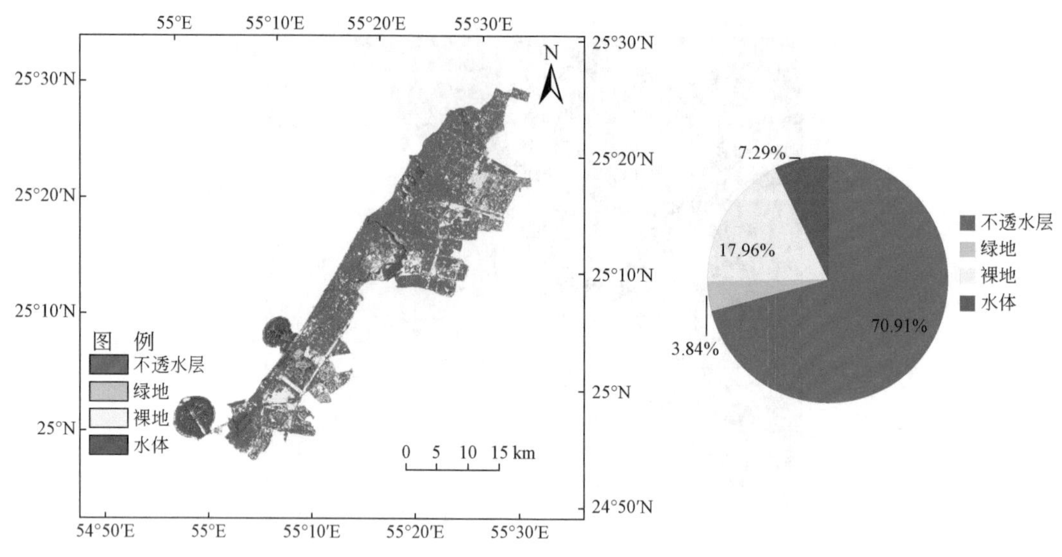

图 3-8 迪拜建成区土地覆盖类型分布与面积统计

源占比最小，仅为 0.17%。从资源分布上看，迪拜并不具有优势，这也是迪拜根据自身特点，大力发展旅游、商务等新型产业的重要原因之一。

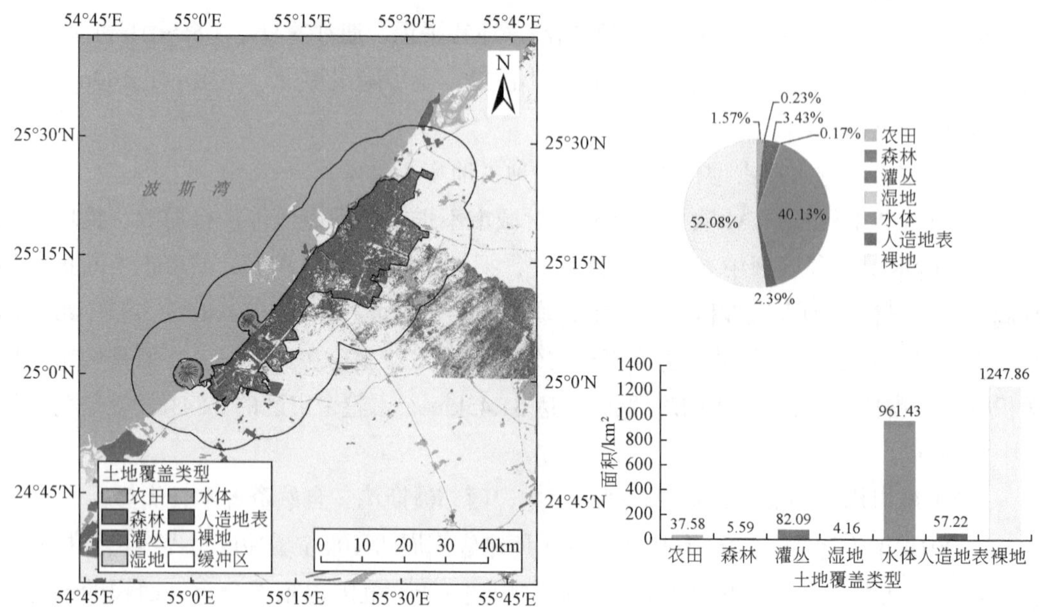

图 3-9 迪拜建成区周边 10km 内土地覆盖类型分布与面积统计

3.2.3 城市空间分布现状、扩展趋势分析

建成区周边 10km 缓冲区内灯光指数饱和，城镇化水平高，交通发达，与周边连通度高。

迪拜 30 年前还只是沙漠边上一个小港，如今已成为全世界重要的贸易港口，近 10 年来，迪拜不断地完善基础设施建设，城市扩张速度迅速，从 2013 年迪拜的灯光指数现状来看（图 3-10），迪拜建成区内灯光指数趋于饱和，结合灯光指数变化速率可以看出（图 3-11），

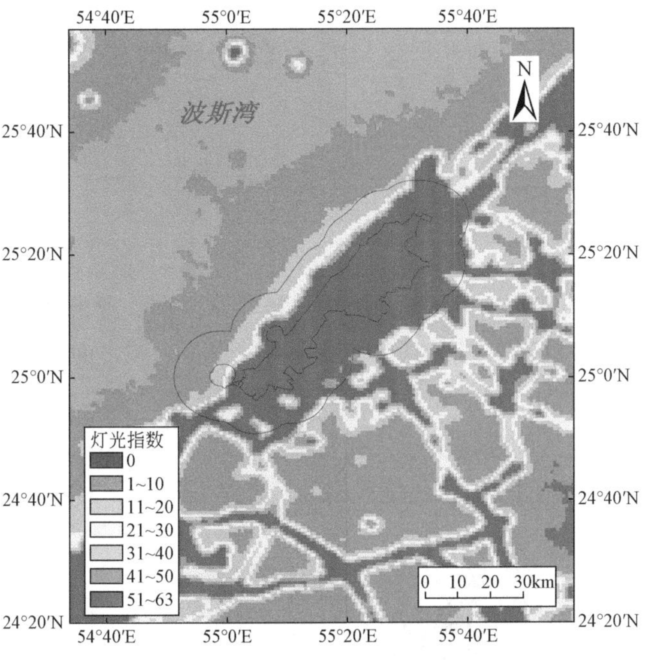

图 3-10　2013 年迪拜及其周边夜间灯光指数分布

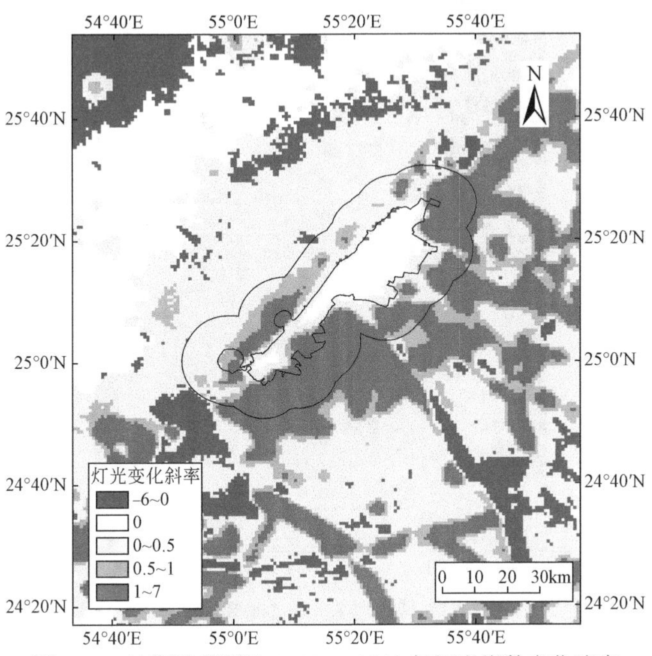

图 3-11　迪拜及其周边 2000 ～ 2013 年灯光指数变化速率

城区内 10 年前城市化水平已经很高；近年来，城市发展主要集中在周边 10km 缓冲区内，灯光指数变化斜率大部分在 1 以上，如今灯光指数也趋于饱和（51 以上）。周边 10km 以外也有大部分区域灯光指数变化斜率为 1 以上，并与许多区域连通，城市周边光团已连接成网状结构，说明迪拜的交通设施极其便利，在区域经济发展处于先导地位。综合来看，未来城市周边 10km 东部以外区域的发展潜力较大，灯光指数较分散，低亮值范围较大。

3.3 特拉维夫

3.3.1 概况

特拉维夫位于 32°05′N，34°48′E，历史上是联系欧洲、亚洲和非洲三大洲的陆桥，濒临东地中海，现为以色列第二大中心城市（图 3-12）。城市面积 51.80km^2，2011 年人口约 40 万，人口密度为 7445 人 /km，人口年增长率为 0.9%，是以色列人口最稠密的地带；同时特拉维夫也是以色列的经济枢纽，拥有冶金、电子、车辆、机械、纺织、钻石加工等现代工业，是世界上新创公司密集度最高的城市之一（现代工商编辑部，2015）。

图 3-12　特拉维夫 Landsat 8 遥感影像

3.3.2 典型生态环境特征

特拉维夫濒临东地中海，气候是典型的地中海气候类型。特拉维夫是以色列湿度较高的城市，在每年10月到次年4月降水较多，而夏季降水很少，年平均降水量为530mm。特拉维夫地处平原，地势总体平坦，没有明显的地形起伏。因此，这里最显著的地理特征就是地中海海岸线和雅孔河口的断崖。

（1）城市不透水层占地比79.72%，绿地占地率12.54%

以2015年Landsat TM数据为基础，对城市完成不透水层和绿地等的提取，提取结果如图3-13所示。特拉维夫建成区内绿地面积分布广泛，分布均匀，采用了花园城市的城市规划，设计了许多宽阔的林荫大道，面积为21.54km^2，绿地占地率为12.54%，人工绿地分布于街道两侧，自然绿地广泛分布于城区内，以北部较多。目前，特拉维夫建成区不透水层面积为136.93km^2，占建成区面积的79.72%，城市化水平高，建筑分布相对集中，城市人口过于密集。城市内部的裸地和水体占比较小，分别为6.21%和1.53%。

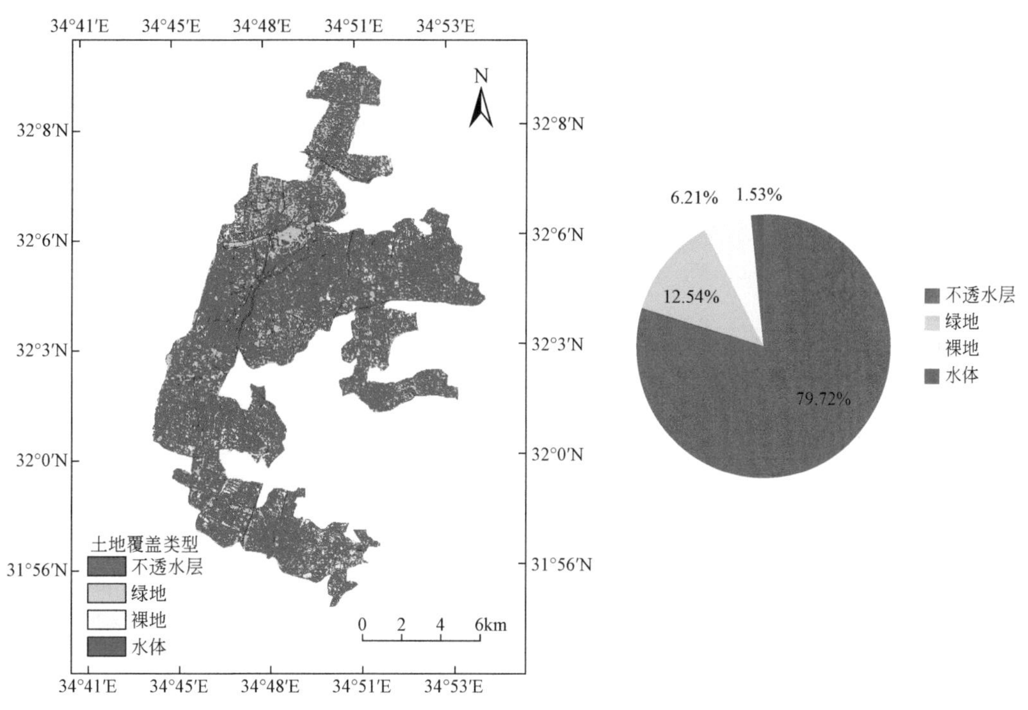

图3-13 特拉维夫建成区土地覆盖类型分布与面积统计

（2）特拉维夫周边以农田为主，西邻地中海，东部森林资源丰富

以2010年土地覆盖数据为基础，特拉维夫建成区周边10km缓冲区为界线，分析其

周边生态环境状况。从图 3-14 中可以看出，建成区周边外延 10km 范围内，农田占地面积 411.55km^2，占总面积的 37.31%，东部沙漠之中长有森林和草地，分别占总面积的 8.43% 和 5.19%；特拉维夫西部 30.07% 为地中海海域，但是市内淡水资源匮乏，因此城市中有很多海水淡化厂。建成区周边 10km 范围内人造地表面积较大，占比 17.61%，而裸地和湿地的占比就非常小，分别为 1.34% 和 0.05%。

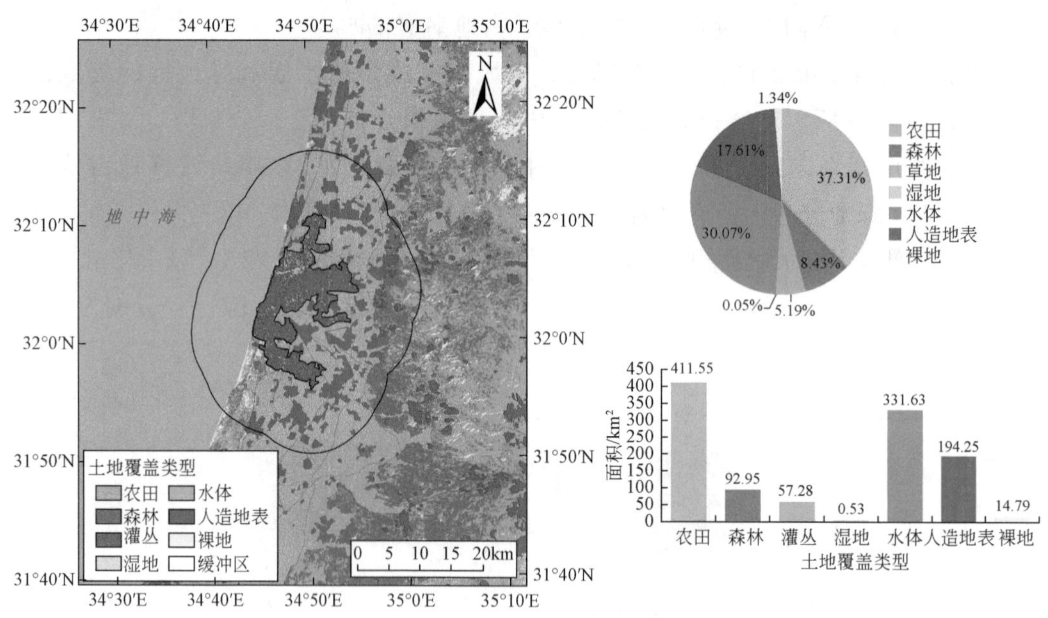

图 3-14　特拉维夫建成区周边 10km 内土地覆盖类型分布与面积统计

3.3.3　城市空间分布现状、扩展趋势分析

建成区内灯光指数趋于饱和，建成区周边 10km 范围灯光指数增长速度较快。2013 年特拉维夫整个城区内灯光指数已趋于饱和（图 3-15）。城市灯光指数与周边城镇连通度高，从灯光指数的变化速率（图 3-16）来看，2000 ～ 2013 年，相对于周边的城镇，特拉维夫建成区内增长速度缓慢，变化不明显，但是周边 10km 范围内的灯光指数变化斜率大部分在 1 以上，说明城市扩张速度较快，迅速向郊区分散，特拉维夫的发展带动着周边城镇的不断发展，现与周边城市之间已经不存在明显的边界。从特拉维夫向东南方 60km 就是以色列首都耶路撒冷，向北 90km 就是以色列北部港口城市海法，从灯光指数分布与灯光指数变化斜率来看，特拉维夫东部 10km 以外的区域亮度值分布较为分散，因此未来具有发展潜力。

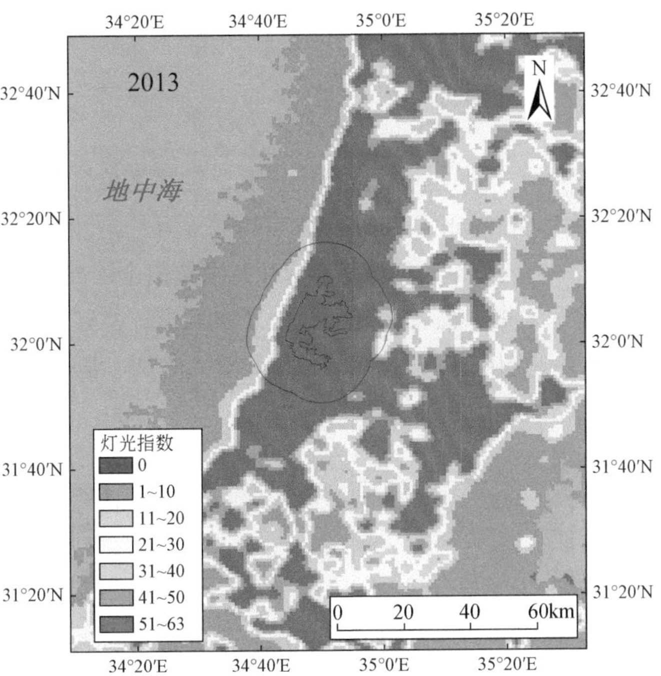

图 3-15　2013 年特拉维夫及其周边夜间灯光指数分布

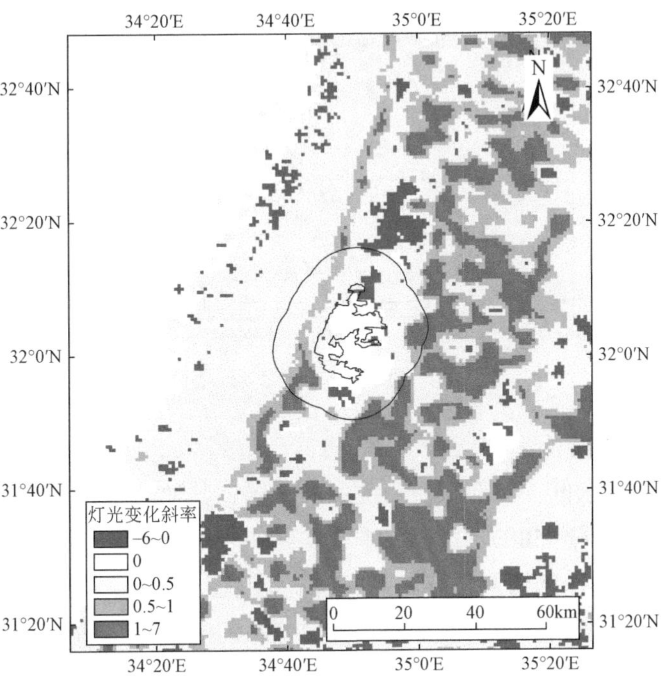

图 3-16　特拉维夫及其周边 2000 ～ 2013 年灯光指数变化速率

3.4 利 雅 得

3.4.1 概况

利雅得位于阿拉伯半岛中部的哈尼法谷地平原，经纬度位置为24°40′N、46°50′E，（图3-17）。城市面积1554.00km^2，2011年人口约426万，是沙特阿拉伯的首都，阿拉伯半岛第二大城市，是一个典型的绿洲城市，为沙特阿拉伯全国商业、文教和交通中心。随着石油资源开发而迅速发展，已建成现代化的新兴城市，是红海和波斯湾之间的中转点，农牧业产品集散中心，为伊朗、伊拉克等地穆斯林去麦加、麦地那朝觐的陆上交通站。目前利雅得也是丝绸之路连接中东的重要节点。

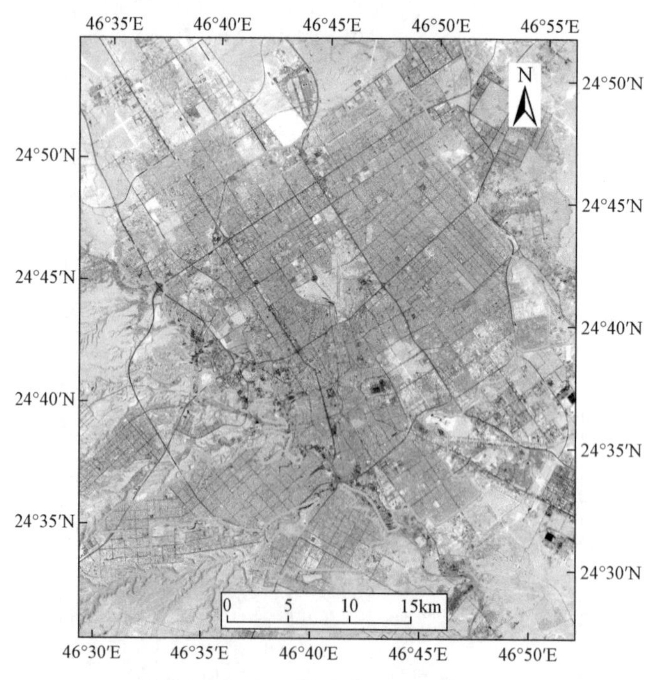

图3-17 利雅得 Landsat 8 遥感影像

3.4.2 典型生态环境特征

利雅得地势西高东低，西部高原属地中海气候，其他地区属亚热带沙漠气候。夏季炎热干燥，最高气温可达50℃以上，冬季气候温和。年平均降水量不超过200mm。全境大部分地区为高原，地质结构主要为沉积岩，西部红海沿岸为狭长平原，以东为赛拉特山，山地以东地势逐渐下降，直至东部平原，沙漠分布广泛，其北部有内夫得沙漠，南部有鲁卜哈利沙漠，主要矿藏有金、银、铁、铜、铝土、磷等，东部波斯湾沿岸陆上与近海的石油和天然气蕴藏量丰富。

（1）城市不透水层占地比 76.84%，绿地占地率 4.2%

以 2015 年 Landsat TM 数据为基础，对城市完成不透水层和绿地等的提取，提取结果如图 3-18 所示。城市中多处有裸露的地表，裸地占比高达 18.93%。目前城市不透水层面积约为 571.78km^2，占市区总面积的 76.84%，城市建筑物集中，道路规则分布，原来市内寸草不生的丘陵荒无人烟，如今绿地面积已渐成规模，绿地面积已达 31.25km^2，占市区总面积的 4.2%，被称作“人间天堂”的人造绿洲。城市内部水域面积非常小，仅占 0.03%。

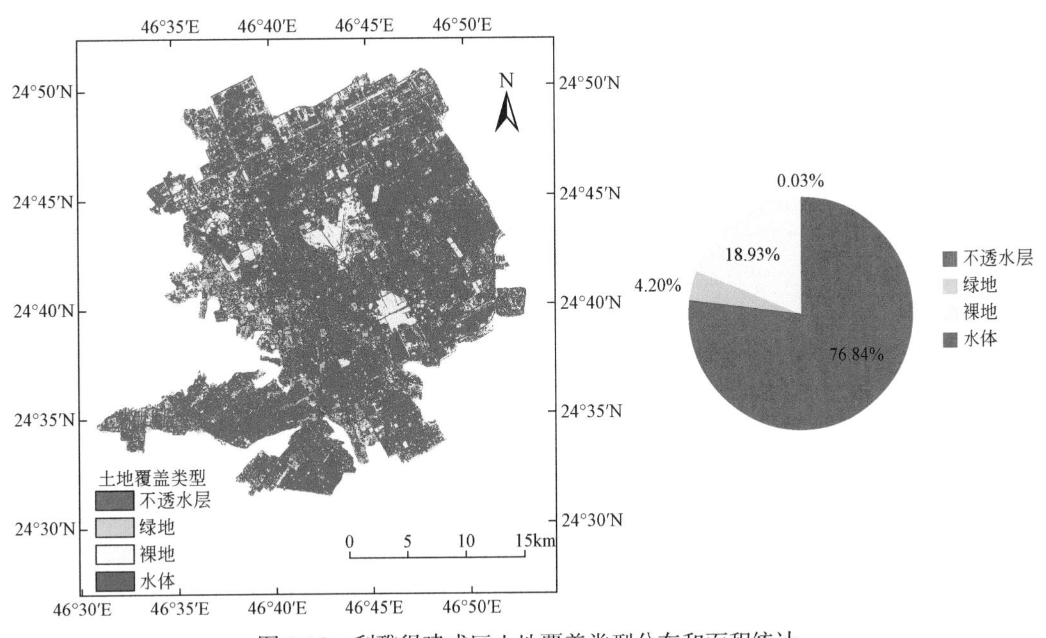

图 3-18　利雅得建成区土地覆盖类型分布和面积统计

（2）城市周边 10km 缓冲区以沙漠为主，自然资源相对缺乏

以 2010 年土地覆盖数据为基础，以利雅得建成区周边 10km 缓冲区为界线，分析其周边生态环境状况。从图 3-19 可以看出，利雅得建成区周边 10km 范围内，人造地表面积达到 310.37km^2（占比 18.29%），除人造地表外，大部分区域为裸地并被沙漠覆盖，裸地面积达 1304.24km^2，占缓冲区总面积的 76.86%。农田面积只占 1.91%，农业区主要出产椰枣、小麦和蔬菜，主要分布于河流沿岸。周边 10km 缓冲区内其他土地覆盖类型如森林、草地、灌丛、湿地和水体等占比均很低，不超过 2%。从自然资源分布情况看，利雅得并不具有优势。

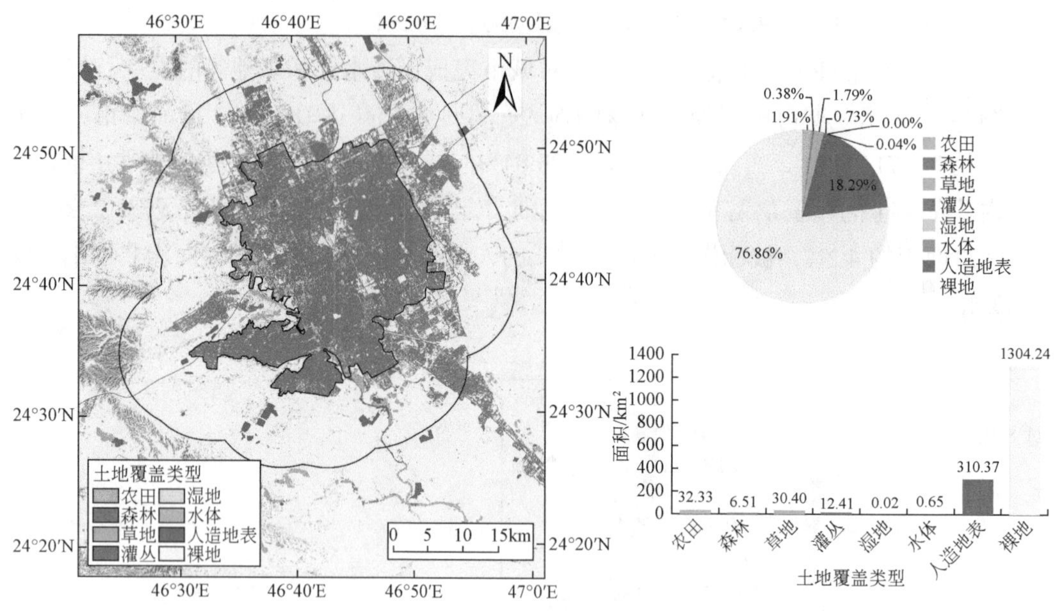

图 3-19　利雅得建成区周边 10km 内土地覆盖类型分布与面积统计

3.4.3　城市空间分布现状、扩展趋势分析

建成区内灯光指数饱和，城市扩张速度较快。结合 2013 年灯光指数（图 3-20）和灯

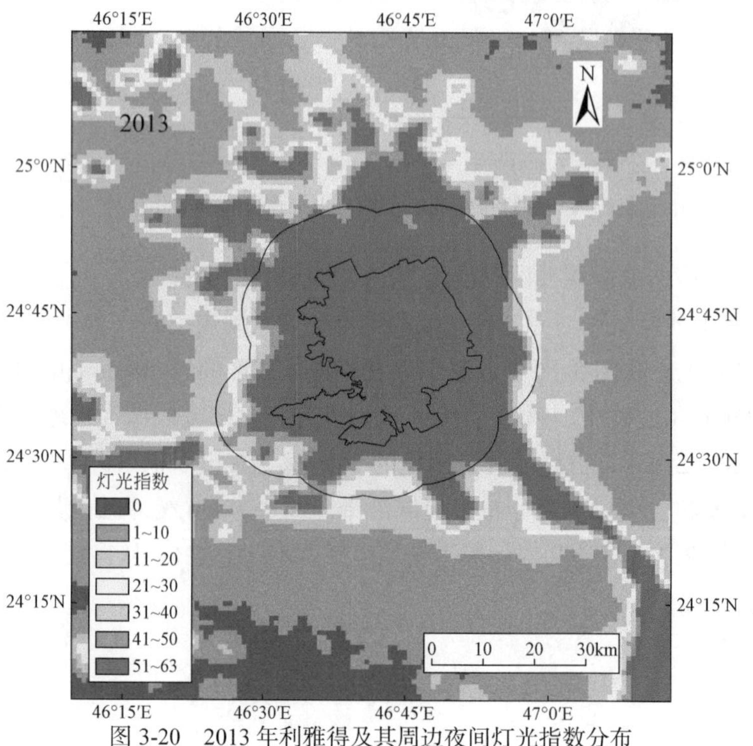

图 3-20　2013 年利雅得及其周边夜间灯光指数分布

光指数变化速率（图 3-21）可以看出，利雅得建成区内城市的灯光指数增长率趋于 0，但是灯光指数趋于饱和，说明 10 年前建成区城市化水平已经很高，为区域发展的领头羊。如今城市不断发展壮大，周边 10km 范围内，大部分灯光指数变化斜率在 1 以上，且灯光指数大于 51，并与周边光团相连。城市周边的发展极其迅速。综合来看，城市建成区周边 10km 缓冲区外的北部区域光团相对分散，且灯光指数变化斜率大，因此该区在未来的发展潜力较大。

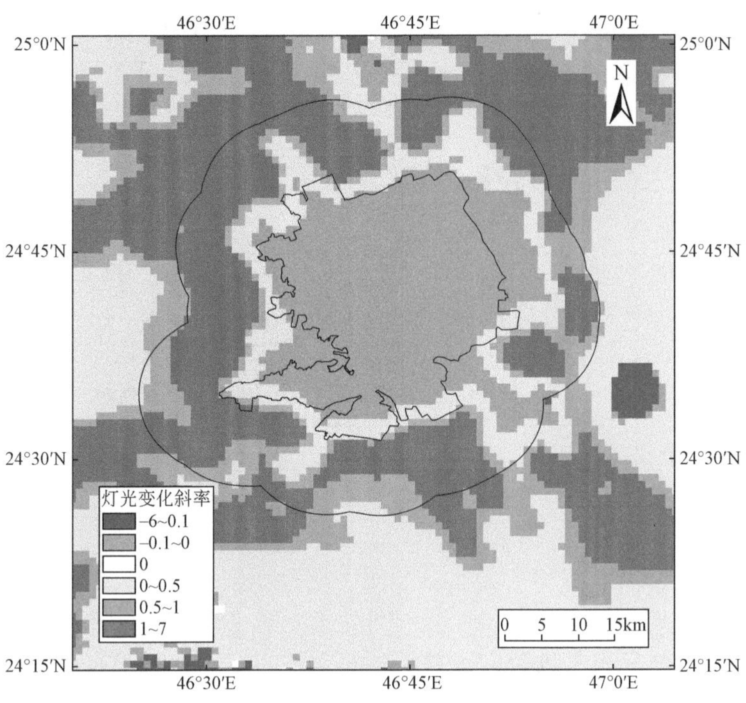

图 3-21　利雅得及其周边 2000 ～ 2013 年灯光指数变化速率

3.5　亚　　丁

3.5.1　概况

也门城市亚丁位于阿拉伯半岛的西南端，扼守红海通向印度洋的门户，素有“欧、亚、非三洲海上交通要冲”之称，是世界著名的港口（图 3-22）。曾是著名的古代海上丝绸之路的中转站和香料之路的起始点。该港正好处在欧、亚、非三大洲航线上，是离波斯湾油田最近的国际驰名港口。亚丁新城位于“老亚丁”西面，靠着深水港湾，随着装卸业务的发展而逐渐建设起来，2010 年人口约 101 万，与亚丁相距约 16km 的曼德海峡，堪称红海咽喉，自古以来就是连接欧洲、亚洲和非洲的“水上走廊”，因此，亚丁成为水上走廊的必经之路，起着至关重要的作用。

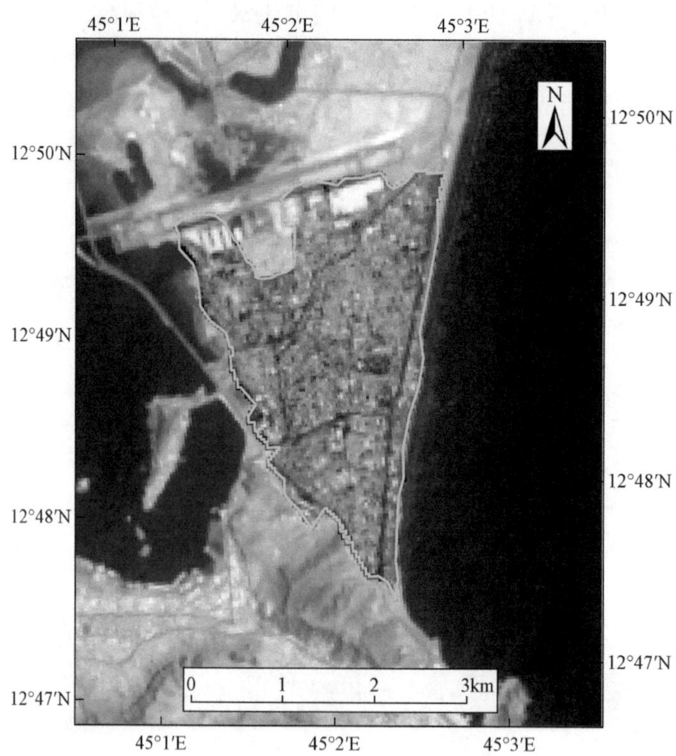

图 3-22　亚丁 Landsat 8 遥感影像

3.5.2　典型生态环境特征

亚丁属热带沙漠气候，盛行西南风，炎热干燥，历史最高温度曾达 45.7℃。5 ～ 8 月会出现沙暴，能见度极差。亚丁港雨量稀少，一般集中在每年年初，年均降雨量 94.7mm。亚丁港属于深水港，其东南部绵延着海拔 500m 的高山，使其免遭冬季季风的侵扰；西南部绵延着海拔 350m 的高山，又使其免受夏季狂风的肆虐。

（1）城市不透水层占地比 71.73%，绿地占地率 10.98%

以 2015 年 Landsat TM 数据为基础，对城市不透水层和绿地等进行提取，提取结果如图 3-23 所示。亚丁市城区内有多处为裸地地表，裸地占比高达 17.29%。亚丁城市不透水层面积共有 4.60km^2，占市区的 71.73%；建成区绿化程度较高，绿地面积共有 0.70km^2，占总面积的 10.98%，并且分布均匀，城镇化水平很高，整体来看，城市建筑分布相对分散，较好的绿化和环海条件，使得该城市很适合人类居住。城市内部几乎没有水域分布。

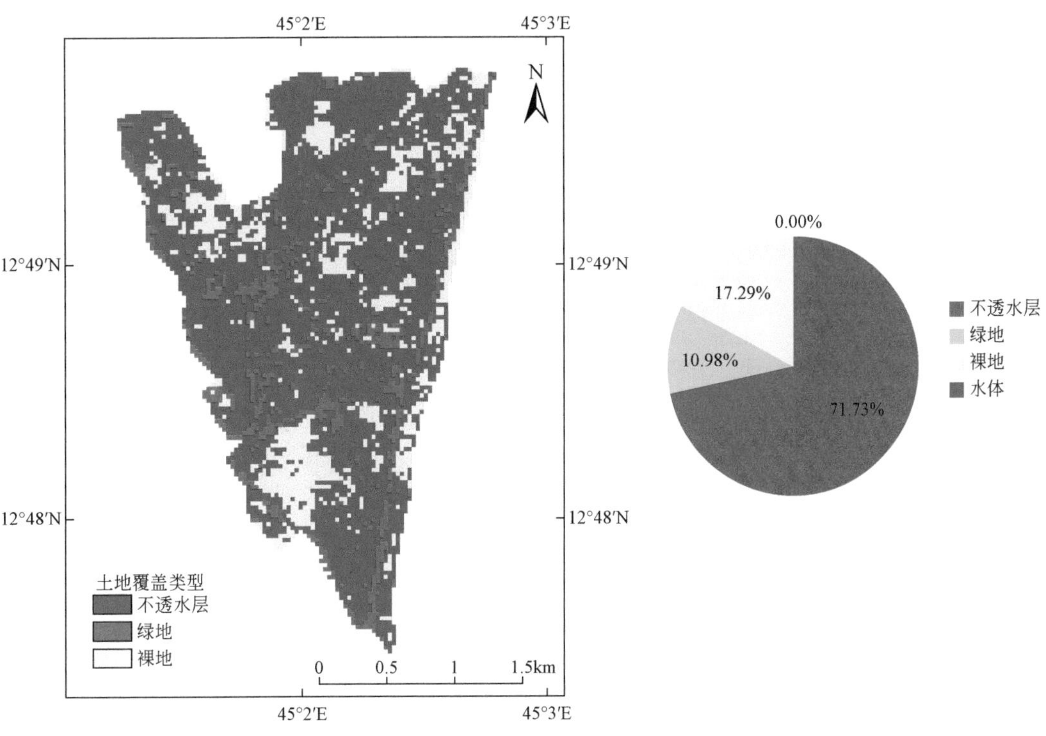

图3-23　亚丁建成区土地覆盖类型分布和面积统计

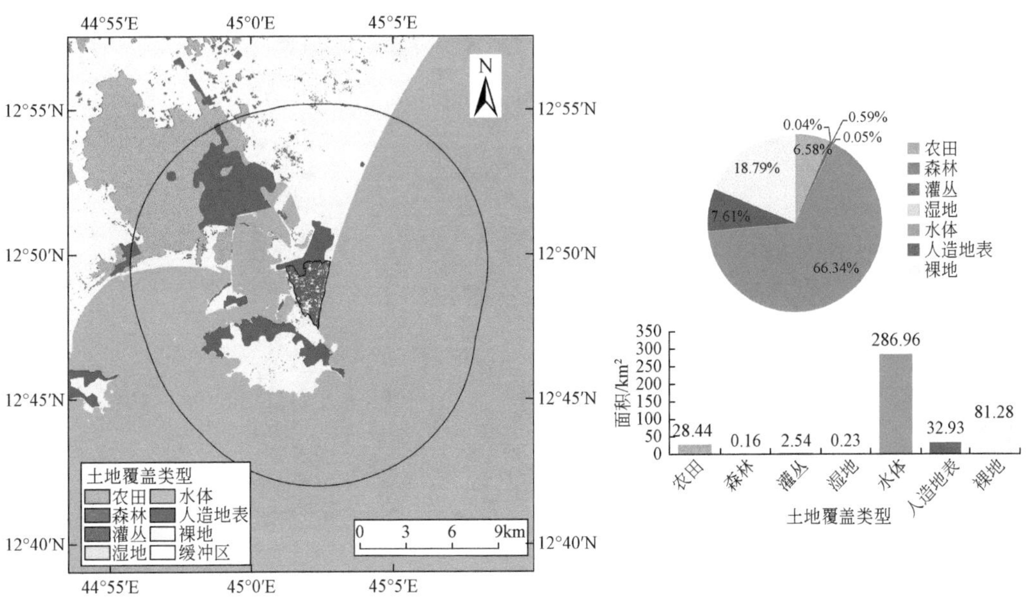

图3-24　亚丁建成区周边10km内土地覆盖类型分布和面积统计

（2）亚丁周边海洋资源丰富，建成区周边 10km 缓冲区主要以裸地为主

以 2010 年土地覆盖数据为基础，以亚丁建成区周边 10km 缓冲区为界线，分析其周边生态环境状况。从周边 10km 范围内的土地覆盖类型分布（图 3-24）可以看出，城市周边人造地表有多处集中分布，占比 7.61%，此外城市周边有 66.34% 的区域为亚丁湾水域，具有丰富的海洋资源，同时港口运输条件优越。南北被 81.28km^2 的裸地包围，占总面积的 18.79%，西北地区有 28.44km^2 的农田。相比之下，森林、灌丛和湿地资源较匮乏，占比均不超过 0.6%。

3.5.3 城市空间分布现状、扩展趋势分析

建成区内灯光指数饱和，建成区周边 10km 范围北部增长速度快，发展潜力较大。从 2013 年灯光指数变化情况（图 3-25）来看，亚丁城建成区灯光指数值在 51 以上，趋于饱和，周边 10km 范围内路上部分灯光指数也趋于饱和。从 10 年的灯光指数变化速率（图 3-26）可以看出，10 年间城市周边 10km 范围内北部灯光指数变化斜率在 1 以上，增长较快，城市规模向北部扩张，光团已经完全融为一体，说明城市的工业化水平在不断提高。

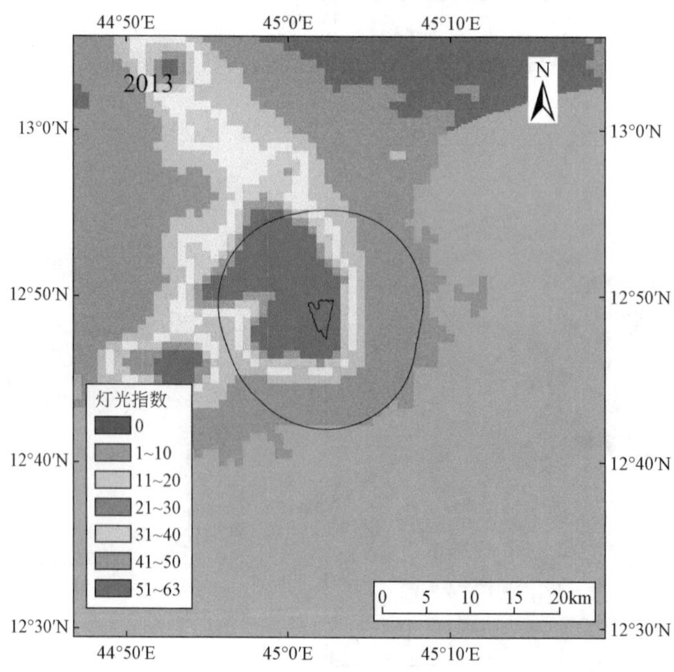

图 3-25　2013 年亚丁及其周边夜间灯光指数分布

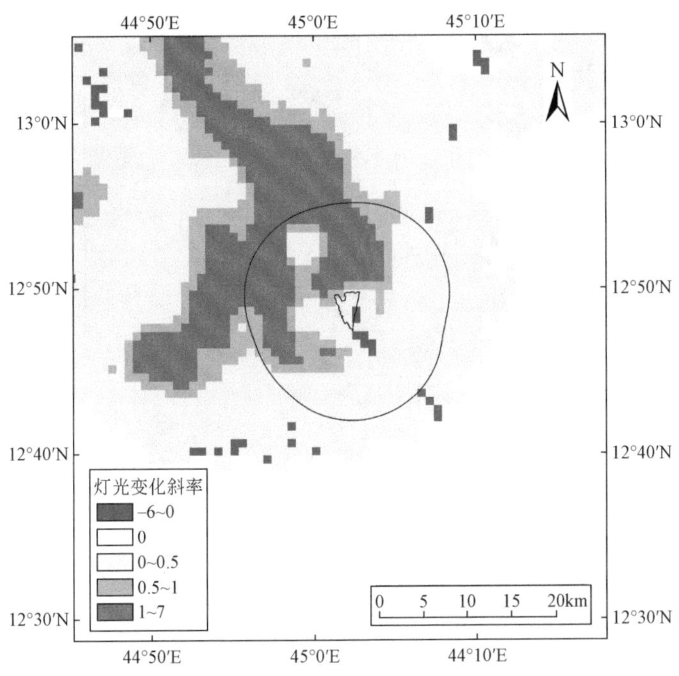

图 3-26　亚丁及其周边 2000 ～ 2013 年灯光指数变化速率

3.6 吉　　达

3.6.1　概况

吉达位于沙特阿拉伯王国西部，红海之濒，因景色迷人而享有“红海新娘”的美誉，行政上属麦加区（图 3-27）。吉达面积约 560km^2，人口约 300 万，是沙特阿拉伯第二大城市和经济、金融、贸易、运输中心。吉达距麦加 72km，距麦地那 424km，是通往上述两圣城的重要门户。吉达的吉达伊斯兰港是中东地区历史最为悠久的港口之一，已有 1300 多年的历史，也是该地区最大的港口之一，年吞吐量在 1800 万 t 左右，客流量在 80 万人次，沙特阿拉伯进口货物的 50%、食品进口的 70% 经该港进入（杨锴，2013），它是沙特阿拉伯通向红海沿边各国的重要连接点。

3.6.2　典型生态环境特征

吉达市区主要建在珊瑚礁上，气候炎热，冬季最低气温 12℃，夏季最高气温 41℃，刮尘暴时气温可高达 50℃，相对湿度 60% 以上，年降水量约 110mm。沙特阿拉伯国家由于淡水资源匮乏，所以为了增加淡水资源，特别修建了水利工程，钻取地下水资源，大量植树造林，扩大绿化面积，蓄积天然雨水等。

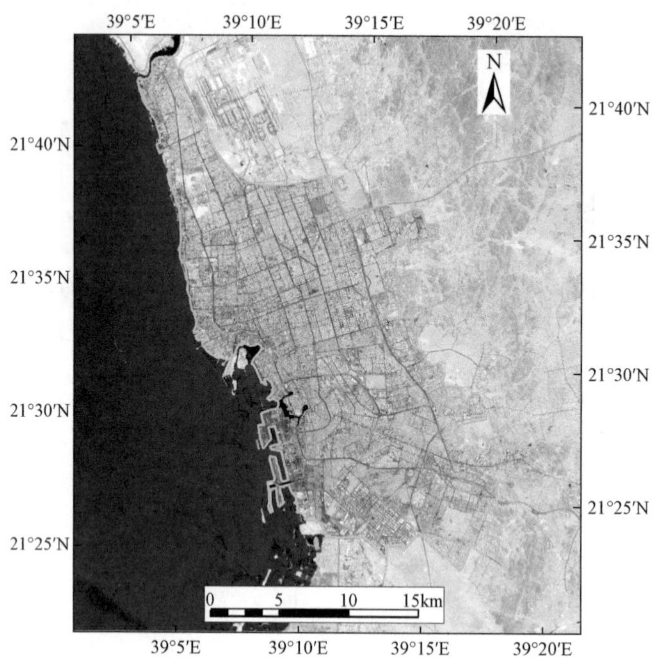

图 3-27　吉达 Landsat 8 遥感影像

（1）城市不透水层占地比 71.73%，绿地占地率 10.98%

以 2015 年 Landsat TM 数据为基础，对城市完成不透水层和绿地等的提取，提取结果如图 3-28 所示。城市内部建筑物集中，道路分布规则，有大面积的裸地地表，占

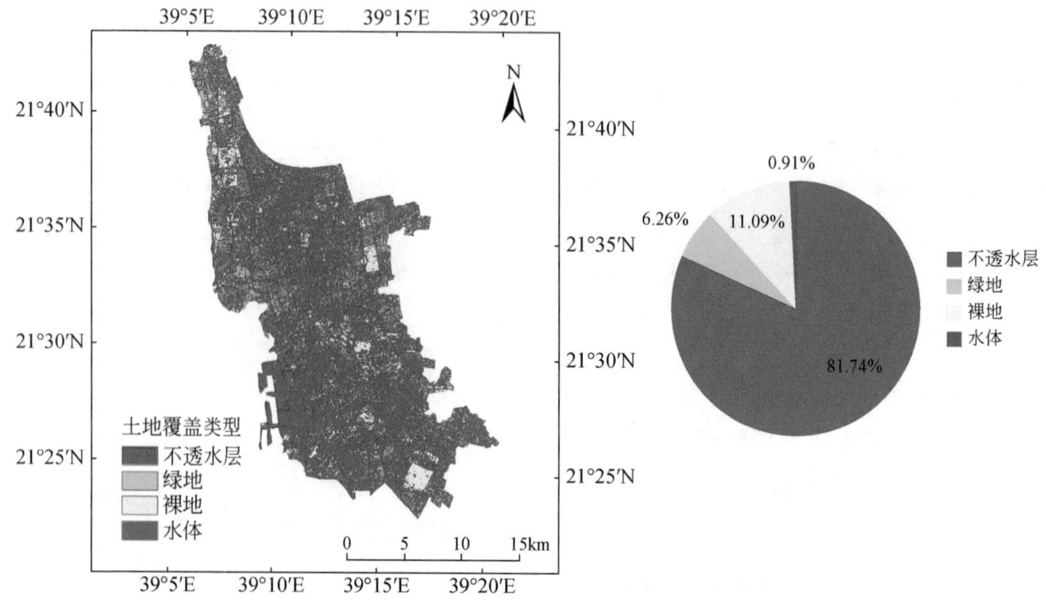

图 3-28　吉达建成区土地覆盖类型分布和面积统计

总面积的 11.09%，目前，不透水层面积 328.8km^2，占总面积的 81.74%，城区绿地面积 24.89km^2，分布均匀，占总面积的 6.26%。水域面积较小，占比仅为 0.91%。

（2）城市周边 10km 缓冲区主要以裸地为主

以 2010 年 30m 土地覆盖数据（图 3-29）为基础，以吉达建成区周边 10km 缓冲区为界线，分析其周边生态环境状况。从图 3-29 中可以看出，周边 10km 范围内，吉达东部以裸地为主，占总面积的 48.11%，西部面积比例为 34.63% 的海域为红海，北部和南部地区有部分灌丛和草地，总面积 26.64km^2，人造地表主要分布在南北两端，占地面积为 211.61km^2，占比为 14.92%。总体来看，吉达海洋资源优越，具有优越的地理位置。

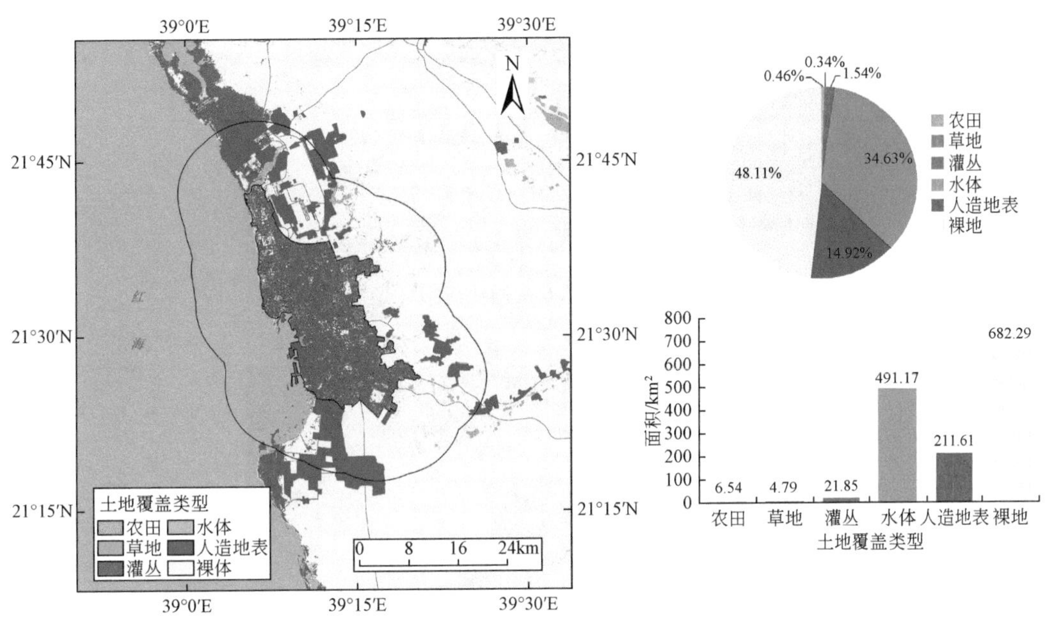

图 3-29　吉达建成区周边 10km 内土地覆盖类型分布和面积统计

3.6.3　城市空间分布现状、扩展趋势分析

建成区发展较缓慢，建成区周边 10km 缓冲区外东部和北部发展最快。从 2013 年灯光指数（图 3-30）来看，城市建成区内灯光指数达到饱和，同样，周边 10km 缓冲区范围内灯光指数大部分在 51 以上。从灯光指数变化速率（图 3-31）可以看出，10 年来建成区内的城市增长变化较慢，但灯光指数始终处于高值，说明建成区城市化水平始终很高；周边 10km 范围内灯光指数变化斜率大部分在 0.5以下，综合来看，吉达与周边城市的连通性较强，从灯光指数的分布趋势来看，城市主要为纵向扩张。

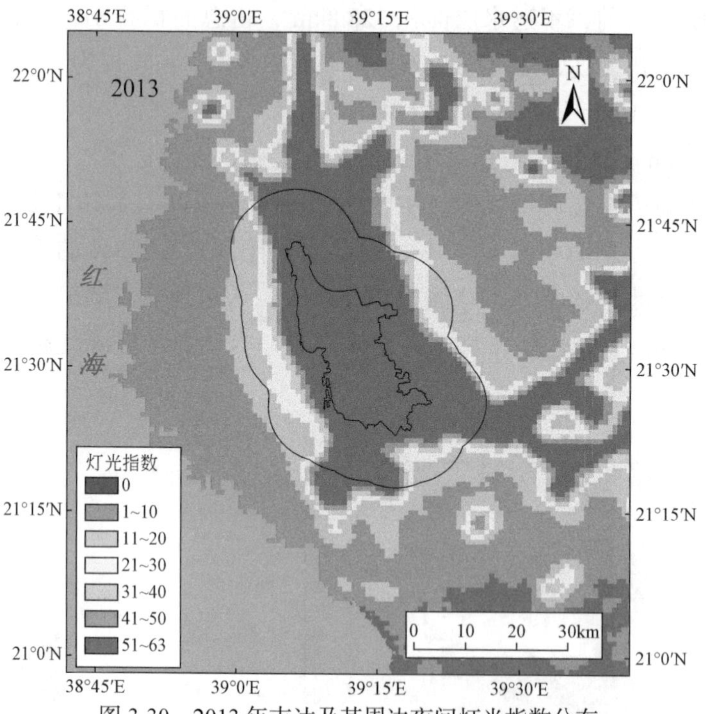

图 3-30　2013 年吉达及其周边夜间灯光指数分布

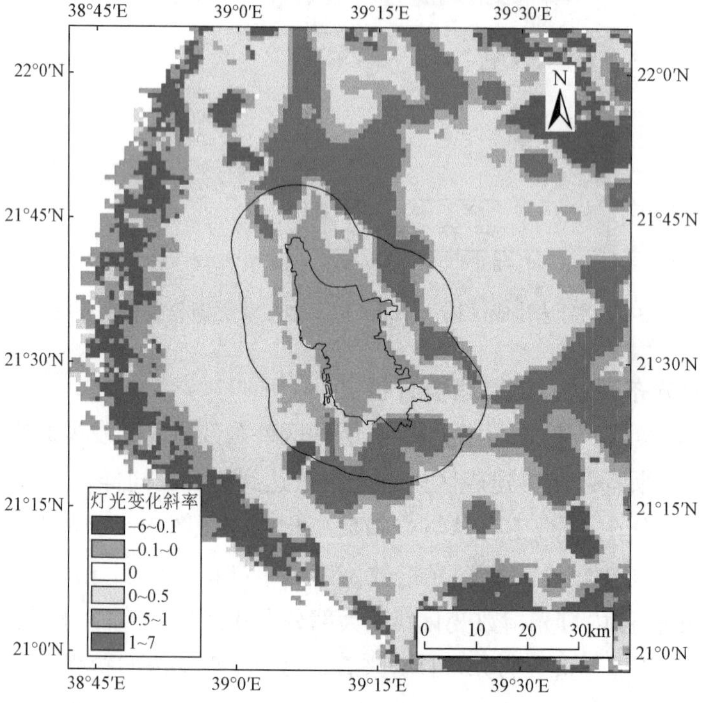

图 3-31　吉达及其周边 2000 ～ 2013 年灯光指数变化速率

3.7 安　卡　拉

3.7.1 概况

安卡拉位于小亚细亚半岛安纳托利亚高原的西北部，海拔 850m，临萨卡里亚河支流安卡拉河，是土耳其的首都，仅次于伊斯坦布尔的第二大城市（图 3-32）。2009 年人口约 500 万，城市分为新旧两部分，老城以修建在一座小山丘上的古城堡为中心；新城环绕在老城东、西、南三面，尤以南面的城区最为整齐，也是仅次于伊斯坦布尔的全国第二大工业中心，有“土耳其的心脏”之称（黄健，2015）。

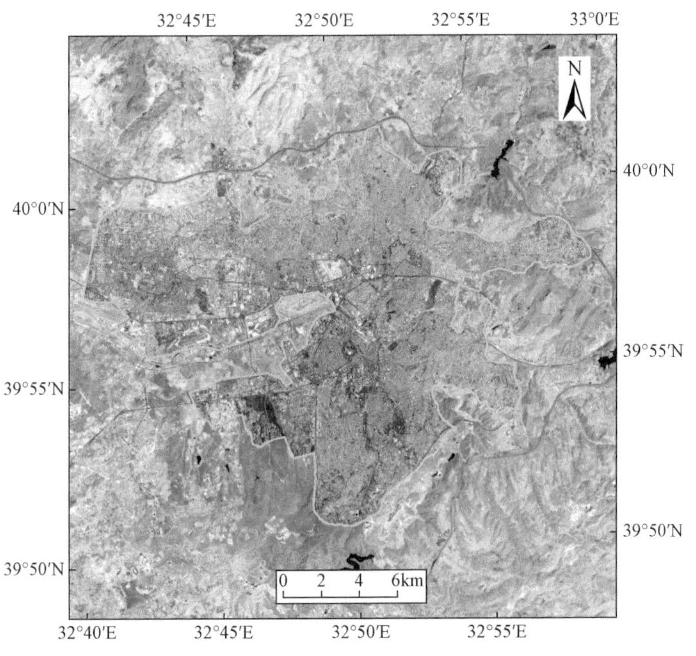

图 3-32　安卡拉 Landsat 8 遥感影像

3.7.2 典型生态环境特征

安卡拉地势起伏不平，气候属半大陆性气候；主要农产品有小麦、大麦、豆类、水果、蔬菜、葡萄等，牲畜主要有绵羊、安卡拉山羊、黄牛，是陆上的交通要冲，铁路和空中航线通向全国各地。

（1）城市不透水层占地比 86.53%，绿地占地率 7.69%

以 2015 年 Landsat TM 数据为基础，对城市完成不透水层和绿地等的提取，提取结果如图 3-33 所示。城市建成区内不透水层面积 129.31km^2，占总面积的 86.53%，城市建筑物分布规则有序，相对集中，城市绿化程度较高，分布均匀，绿地面积为 11.50km^2，占总面积的 7.69%。建成区内部水域面积较小，占比仅 0.13%。总体而言，城镇化水平和绿化程度都比较高，但城市分布有点集中。城市内部的裸地和水体占比相对较小，分别为 5.65% 和 0.13%。

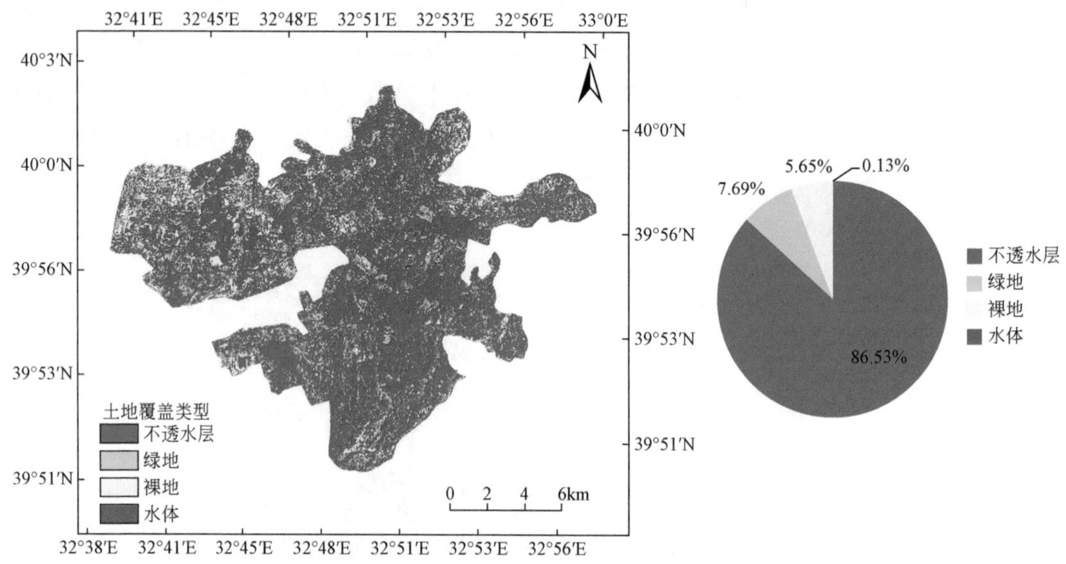

图 3-33 安卡拉建成区土地覆盖类型分布和面积统计

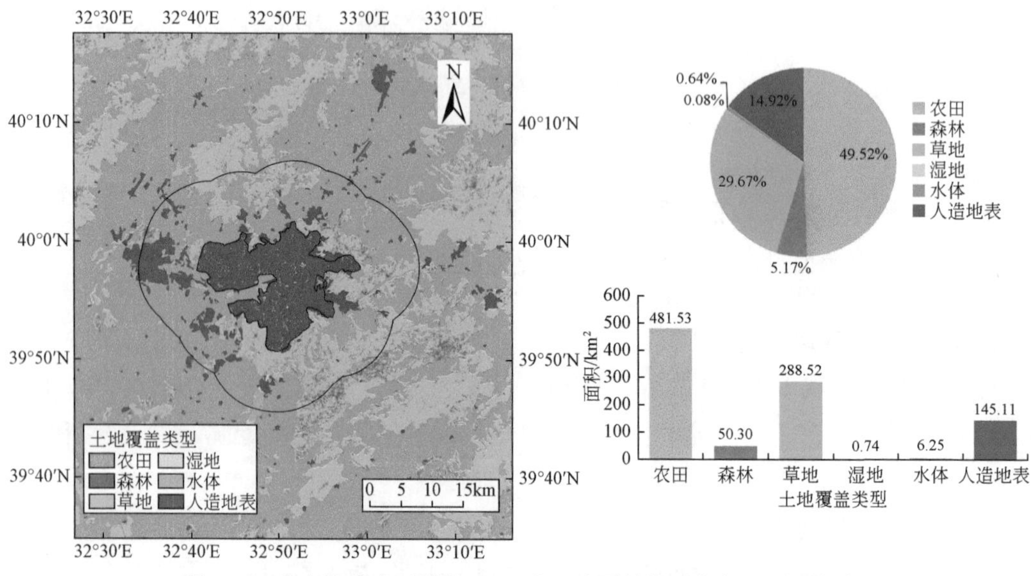

图 3-34 安卡拉建成区周边 10km 内土地覆盖类型分布和面积统计

（2）城市 10km 缓冲区以农田为主，森林、草地资源丰富，自然条件优

以 2010 年土地覆盖数据（图 3-34）为基础，以安卡拉建成区周边 10km 缓冲区为界线，可以看出，安卡拉周边以农田为主，周边 10km 范围内农田面积为 481.53km^2，占总面积的 49.52%，说明该城市农业发达，同时，建成区周边分布着大面积的森林和草地，分别占 5.17% 和 29.67%，周边人造地表面积也较大，为 145.11km^2，相比之下水体和湿地的面积就小得多，仅为 6.25km^2 和 0.74km^2。整体来看，安卡拉周边自然资源较丰富。

3.7.3　城市空间分布现状、扩展趋势分析

建成区内灯光指数饱和，建成区周边 10km 范围内城市发展迅速。从 2013 年灯光指数（图 3-35）可以看出，安卡拉城市建成区内灯光指数饱和，周边 10km 范围内灯光指数大部分也趋于饱和，包括西部区域，从灯光指数变化速率（图 3-36）可以看出，10 年间，安卡拉建成区灯光变化相对缓慢，主要为老城区，但周边 10km 范围内发展极其迅速，灯光指数变化斜率在 1 以上，城市扩展范围已经超过周边 10km。

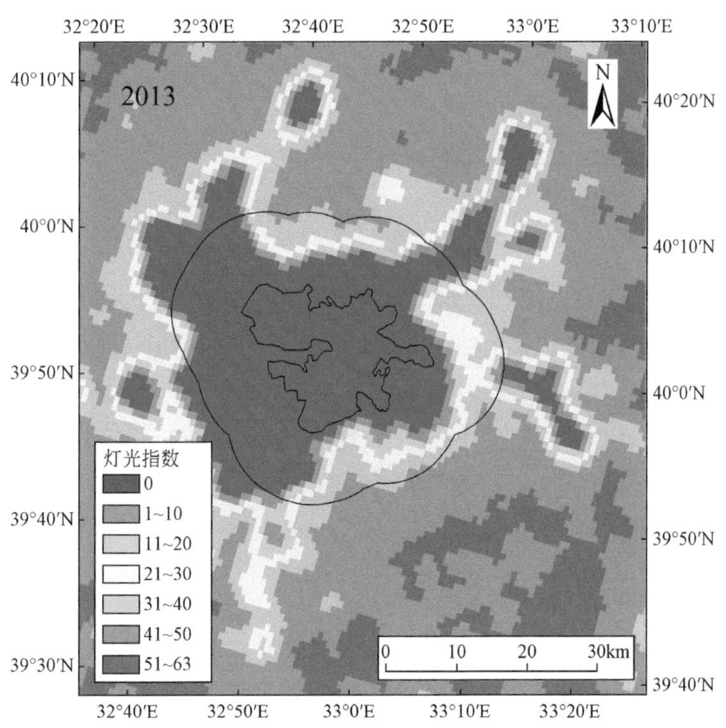

图 3-35　2013 年安卡拉及其周边夜间灯光指数分布

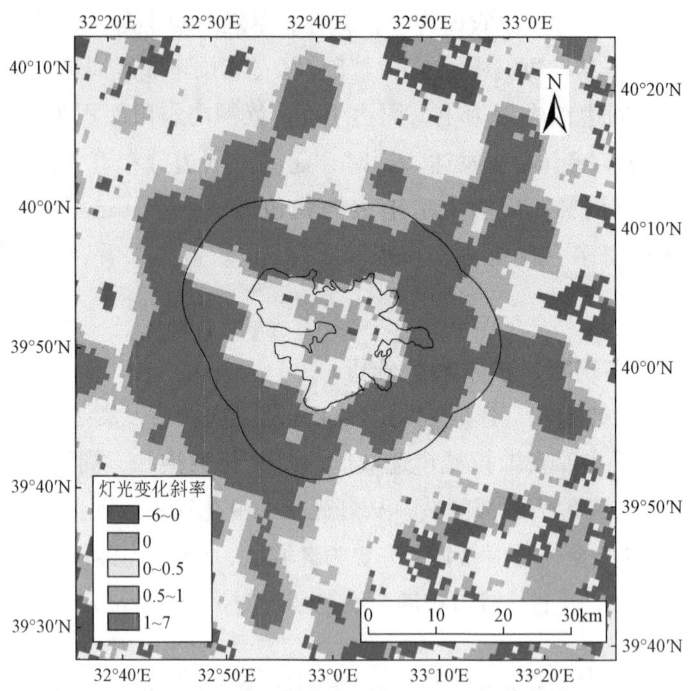

图 3-36　安卡拉及其周边 2000 ～ 2013 年灯光指数变化速率

3.8　多　　哈

3.8.1　概况

多哈位于 25.26°N，51.56°E（图 3-37），城市面积 132.00km^2，2011 年人口约 99.8 万，占全国人口的 54%，是西亚国家卡塔尔的首都，也是波斯湾沿岸的著名港口，建有深水码头，主要港口有多哈港、拉斯拉凡港和梅赛义德港。多哈港是其主要商业港，年吞吐量为 20 万标准箱，可以同时停泊多艘大型轮船。多哈以盛产石油和天然气闻名，成为卡塔尔的经济命脉，许多石油气公司的总部设立在多哈。卡塔尔的经济高度依赖石油和天然气，卡塔尔政府希望实现该区的经济多样化（刘洋，2014）。

3.8.2　典型生态环境特征

多哈位于卡塔尔半岛东海岸的中部，夏季气候炎热潮湿，冬季气候凉爽，属热带沙漠气候，年平均气温 18 ～ 30℃，最高曾达 45℃。全年平均降水量约 120mm。平均潮高：高潮为 1.5m，低潮为 0.4m。多哈濒临沿海，地势较平坦，植被覆盖较少，除石油和天然气外，其他自然资源不具优势。

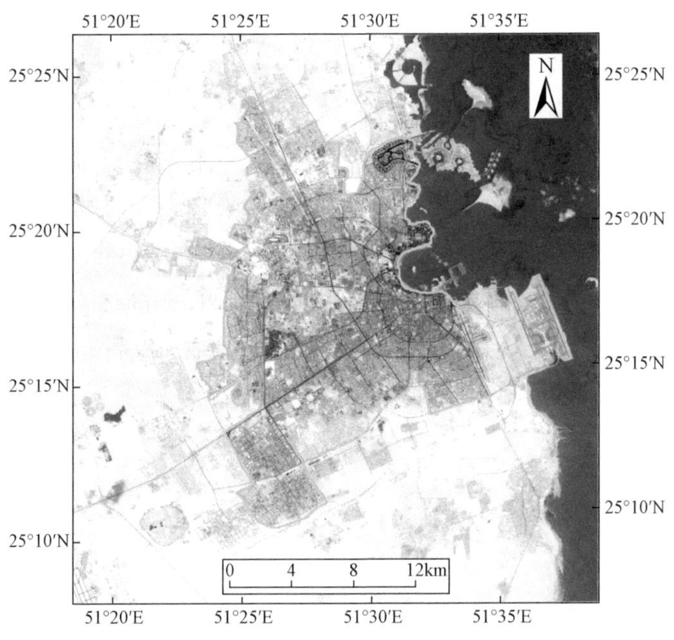

图 3-37　多哈 Landsat 8 遥感影像

（1）城市不透水层占地比 80.89%，绿地占地率 3.59%

以 2015 年 Landsat TM 数据为基础，对城市完成不透水层和绿地等的提取，提取结果如图 3-38 所示。城市建成区内分布有大量的裸地地表，占总面积的 15.22%。目前多

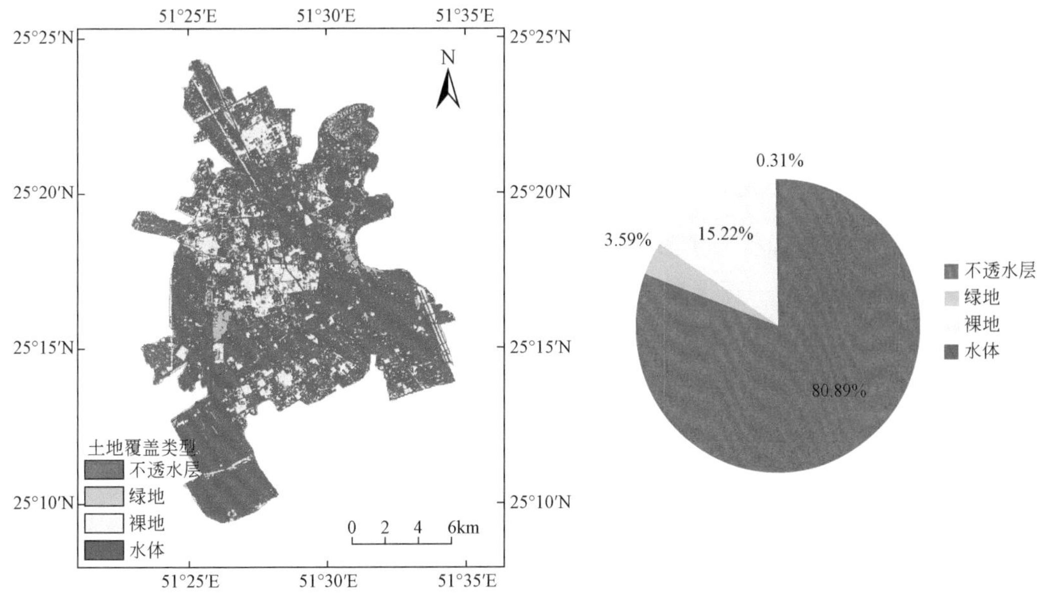

图 3-38　多哈建成区土地覆盖类型分布和面积统计

哈不透水层面积为 213.48km^2，占市区面积的 80.89%，建筑物分布相对分散。城市绿地面积 9.47km^2，占总面积的 3.59%，城市水域面积占比仅为 0.31%。总体来看，城市建筑物相对分散，受自然条件限制绿化率比较低。

（2）城市建成区周边 10km 缓冲区以沙漠为主，东部临海，海洋资源较丰富

以 2010 年土地覆盖数据（图 3-39）为基础，多哈建成区周边 10km 缓冲区为界线，分析其周边生态环境状况。从图 3-39 可以看出，城市周边 10km 范围内以裸地为主，农田、森林和草地极少，三者之和只占 1.17%，而裸地的面积高达 803.59km^2，占总面积的 69.49%，城市周边类型仅次于裸地的就是水体和人造地表，二者分别占 24.55% 和 4.79%，总体来看，该城市自然条件不具优势。

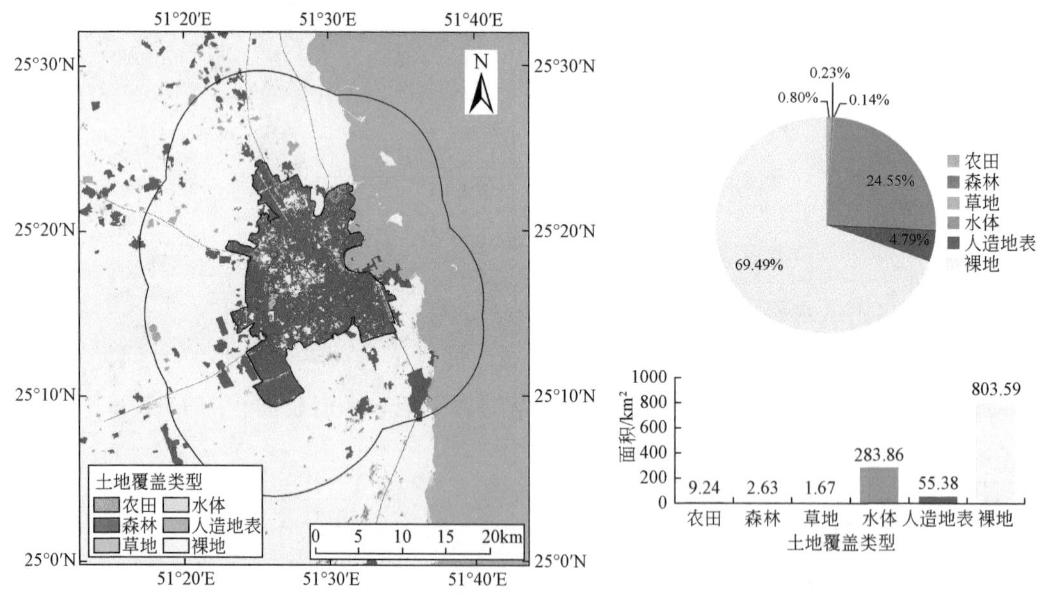

图 3-39　多哈建成区周边 10km 内土地覆盖类型分布和面积统计

3.8.3　城市空间分布现状、扩展趋势分析

建成区城镇化程度一直很高，建成区周边 10km 范围内扩张范围极其宽广。从 2013 年灯光指数（图 3-40）可以看出，多哈建成区内灯光指数饱和，在 51 以上，而周边 10km 缓冲区内的部分区域也处于饱和状态，灯光面积外延面积大，伸向西、北、南三个方向。从灯光指数变化速率（图 3-41）可以看出，10 年间，多哈建成区内灯光亮度处于平稳状态，而周边 10km 范围内灯光指数变化斜率在 1 以上，同时对应西、北、南三个方向延伸较长，城市主要为延伸式发展，逐渐与其他城市接壤，整个城市已经成为卡塔尔的政治、经济、文化和交通中心。

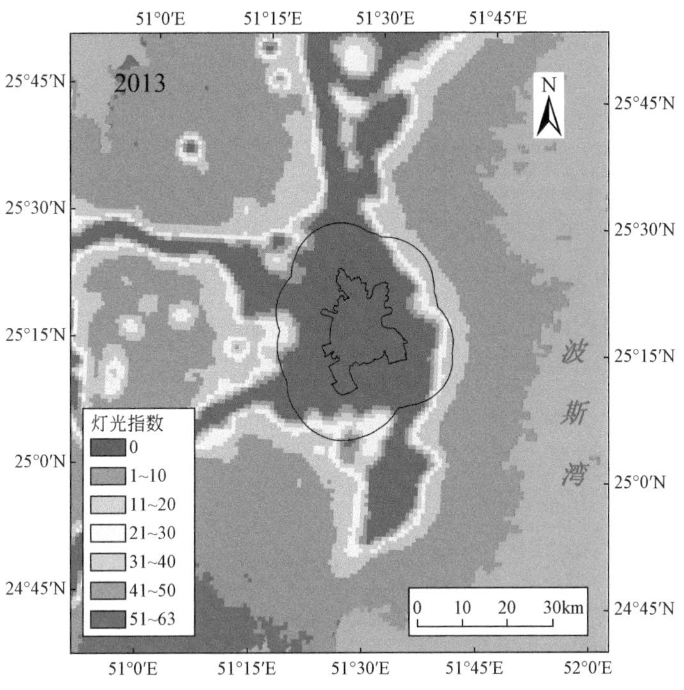

图 3-40　2013 年多哈及其周边夜间灯光指数分布

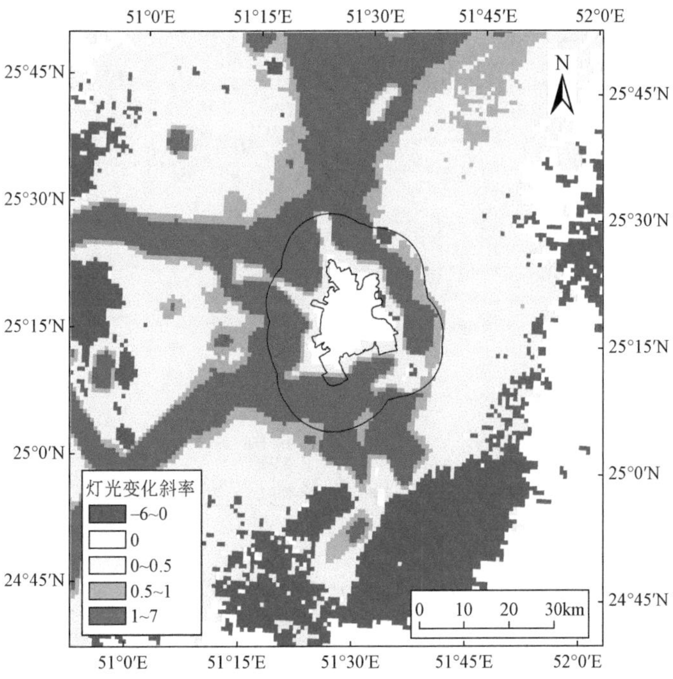

图 3-41　多哈及其周边 2000 ～ 2013 年灯光指数变化速率

3.9 德 黑 兰

3.9.1 概况

德黑兰是伊朗的首都，位于35°45′N，51°30′E（图3-42）。目前，它不仅是伊朗最大的城市，也是西亚最大的城市之一，城市面积658.00km^2，人口1100万（马超，2012）。德黑兰是伊朗交通运输的总枢纽，也是全国最大的工业中心，全国1/3的工业集中于此。制造业产值约占全国一半。其中包括汽车、电子、电器、装备、军工、纺织、制糖、水泥和化工工业。德黑兰市郊盛产小麦、甜菜、水果和棉花，是伊朗重要的农业区之一，作为一个伊斯兰国家的首都，德黑兰还拥有1000多座清真寺，也是著名的旅游胜地。

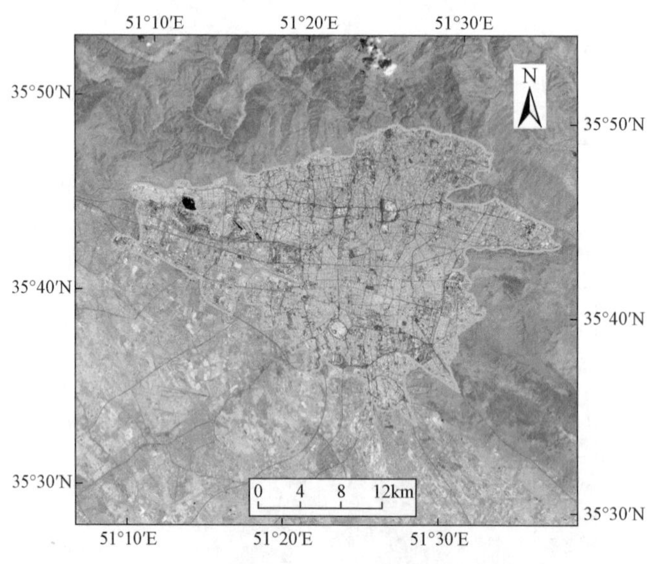

图3-42 德黑兰Landsat 8遥感影像

3.9.2 典型生态环境特征

德黑兰属于大陆性半干旱气候，其在很大程度上受到地理位置的影响，厄尔布尔士山脉在德黑兰以北，荒漠则在南面。城内各地区的海拔高度不一，北部山丘地带的气候通常较南部的平原凉爽。夏季炎热、干旱、少雨，相对湿度较低，晚间天气清凉。冬季冷凉、干燥，但降水多于夏季。大部分的降雨都发生在晚秋至春季之间，全年湿度较平均。

（1）城市不透水层占地比为83.20%，绿地占地率为6.23%

以2015年Landsat TM数据为基础，对城市完成不透水层和绿地等的提取，提取结果如图 3-43 所示。德黑兰城市建成区，建筑分布相对集中，道路分布规则，目前不透水层为 462.52km^2，占总面积的 83.20%，绿地面积为 34.63km^2，占 6.23%，绿化程度较高，但裸地占地率更高，为 10.48%，水域面积却很小，占比仅为 0.09%。

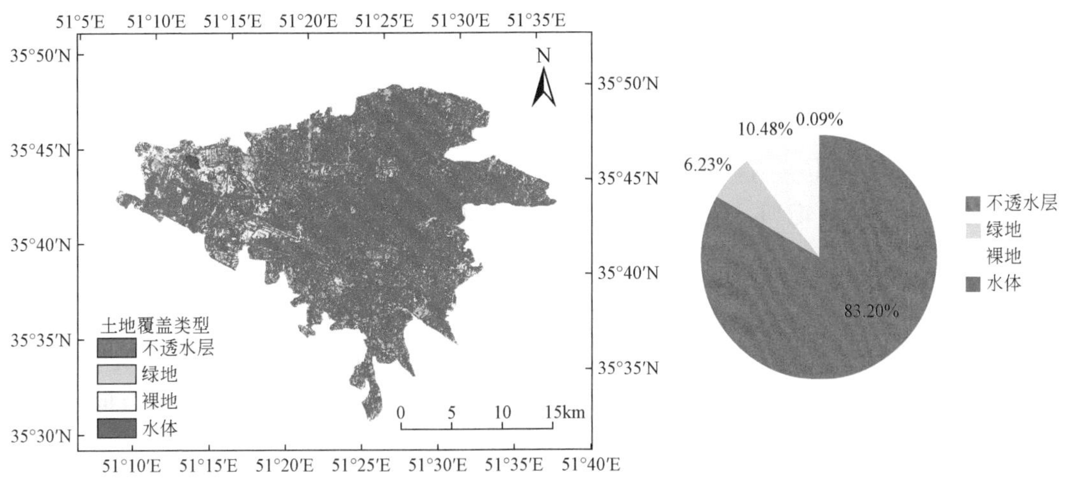

图 3-43　德黑兰建成区土地覆盖类型分布和面积统计城市不透水层分布

（2）城市建成区周边 10km 缓冲区内以草地为主，农业发达，自然资源较丰富

以 2010 年土地覆盖数据（图 3-44）为基础，以德黑兰建成区周边 10km 缓冲区为界线，对建成区周边 10km 范围内自然资源情况分析发现，城市北面以草地为主，面积

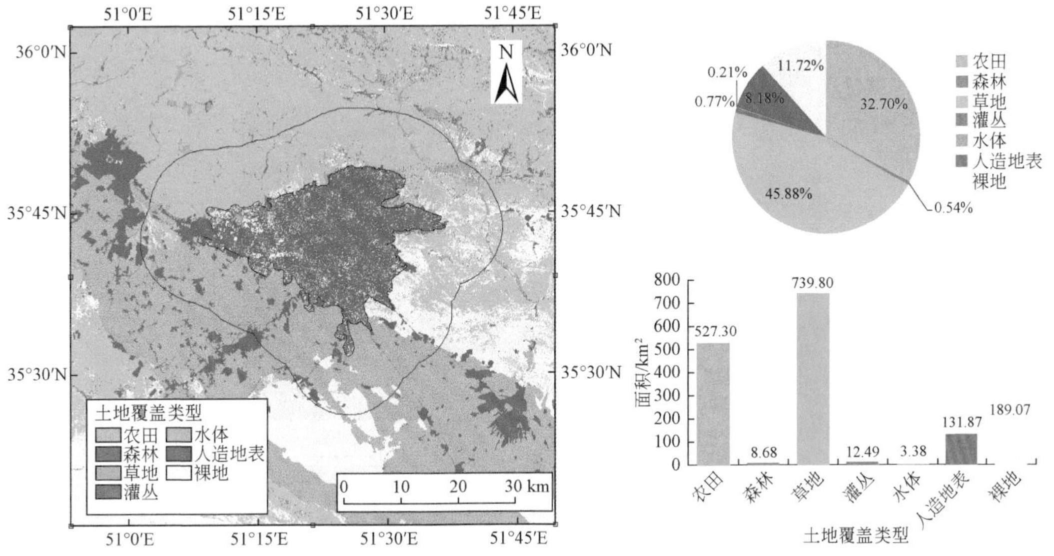

图 3-44　德黑兰建成区周边 10km 内土地覆盖类型分布和面积统计

739.80km^2，占总面积的 45.88%，相比之下森林和灌丛资源稀缺，面积占比仅为 0.54% 和 0.77%。伊朗是一个水资源缺乏的国家，而首都由于密集分布着大量工业和人口，因此水资源更加紧缺，水域面积占比仅为 0.21%，但是由图 3-44 可以看出，德黑兰的农业较发达，南部有大面积的耕地，与城区有一条明显的界线，面积为 527.30km^2，占 32.70% 左右。城市周边缓冲区有人造地表零散分布，占地面积为 131.87km^2，占比为 8.18%。总体来说，该城市周边自然资源较丰富。

3.9.3 城市空间分布现状、扩展趋势分析

建成区灯光指数饱和，建成区周边 10km 缓冲区内南部发展较好。从 2013 年灯光指数（图 3-45）可以看出，德黑兰建成区内灯光指数饱和，在 51 以上，周边 10km 范围内南部城镇化水平较高，北部大部分以低亮值为主。从灯光指数变化斜率（图 3-46）可以看出，建成区内多处灯光指数变化不大，周边 10km 缓冲区内大部分区域处于缓慢发展阶段，灯光指数变化斜率在 0.5 以下。综合来看，德黑兰近 10 年主要沿东西和南北方向扩张，同时可以看出，城区与周边城市群的连通度也在不断加强。

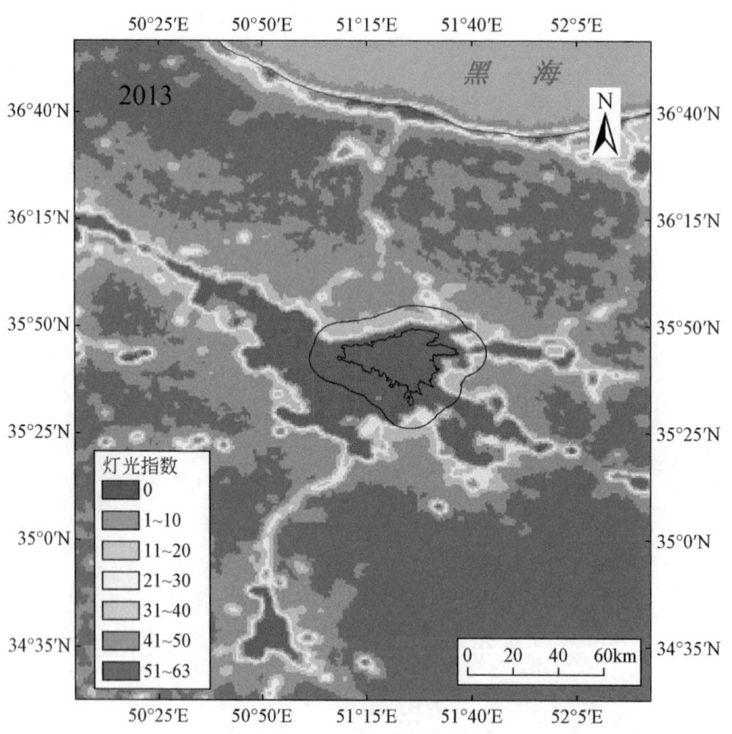

图 3-45 2013 年德黑兰及其周边夜间灯光指数分布

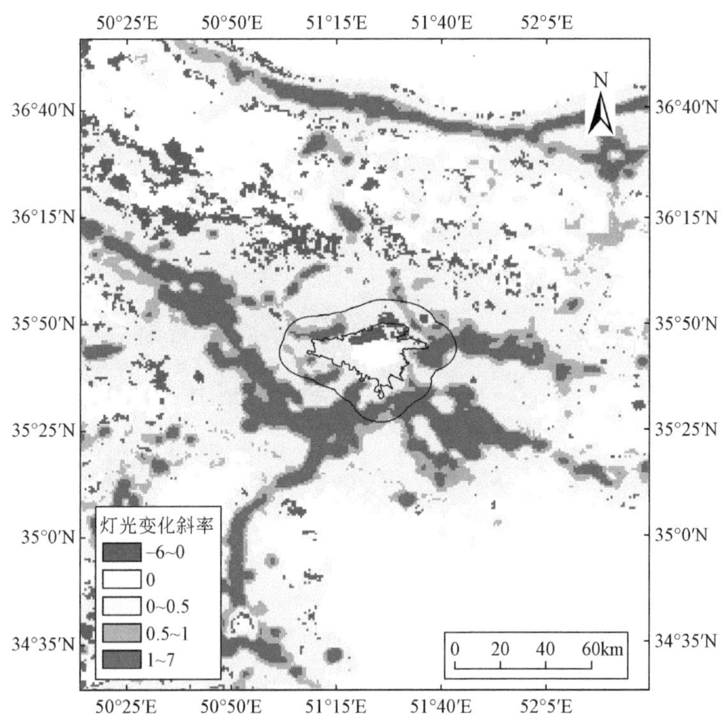

图 3-46　德黑兰及其周边 2000 ～ 2013 年灯光指数变化速率

3.10　阿 巴 斯 港

3.10.1　概况

阿巴斯港为伊朗南部港口城市（图 3-47），霍尔木兹甘省省会，西北距首都德黑兰约 1100km，2005 年人口为 35.12 万。1623 年波斯国王阿巴斯所建，曾为波斯湾重要港口，后泥沙淤积，航运渐衰，市区西边另建新港，最大水深 12m。阿巴斯港位于霍尔木兹海峡的北岸，自古就是东西方国家间的文化、经济、贸易枢纽。主要出口货物有铬矿砂、防锈漆、大理石、地毯、干果及杏仁等，进口货物主要有茶叶、糖、棉织品、谷物、化肥、毛织品及建筑机械等。

3.10.2　典型生态环境特征

该港属温带大陆性气候，上午多东北风，下午多西至西南风。年平均气温 23 ～ 32℃，最高曾达 40℃。全年平均降水量约 200mm，平均潮高：高潮 3.3m，低潮 0.7m。整体地势平坦，南部靠海，具有优良的港口运输条件。

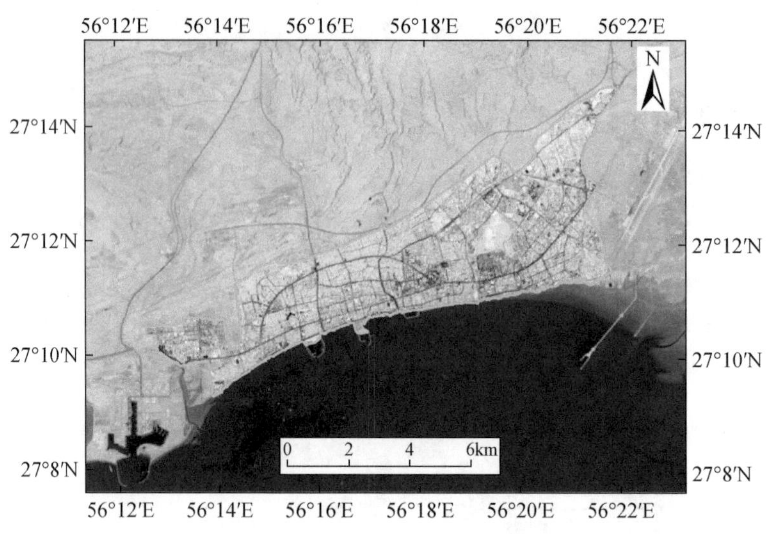

图 3-47　阿巴斯港 Landsat 8 遥感影像

（1）城市不透水层占地比为 83.65%，绿地占地率为 5.89%

以 2015 年 Landsat TM 数据为基础，对城市完成不透水层和绿地等的提取，提取结果如图 3-48 所示。城市东北方向分布大量的裸地，占地比例为 10.46%。目前城市不透水层面积为 108.765km^2，占总面积的 83.65%，由于临海，其绿化程度较高，绿地面积为 39.63km^2，占总面积的 5.89%，水域面积基本没有。

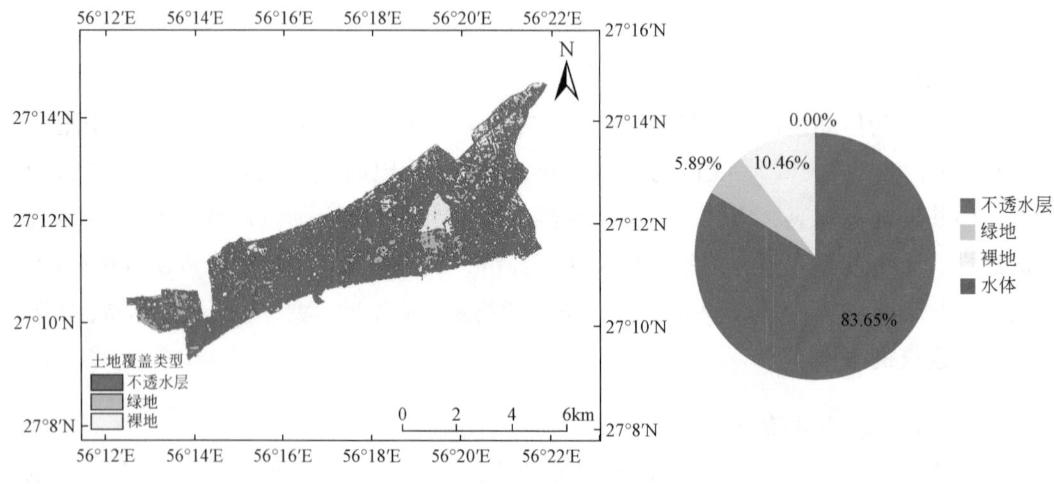

图 3-48　阿巴斯港建成区土地覆盖类型分布和面积统计

（2）城市建成区周边 10km 缓冲区主要以裸地和水体为主

以 2010 年土地覆盖数据（图 3-49）为基础，阿巴斯港建成区周边 10km 缓冲区为界线，分析其周边生态环境状况。城市北部主要以裸地为主，面积 332.56km^2，占总面积的 45.54%，分布着少许灌丛，占比为 10.57%；北部有少量耕地，面积为 12.62km^2，占比仅为 1.73%。森林面积小，占比仅为 0.28%。城区南部临近波斯湾出海口，水体占总面积的 38.21%，具有优越的天然港口条件。建成区周边湿地资源面积较小，占比仅为 0.52%；周边 10km 范围内的人造地表主要分布在建成区东西两端的沿海区域，占比为 3.15%。

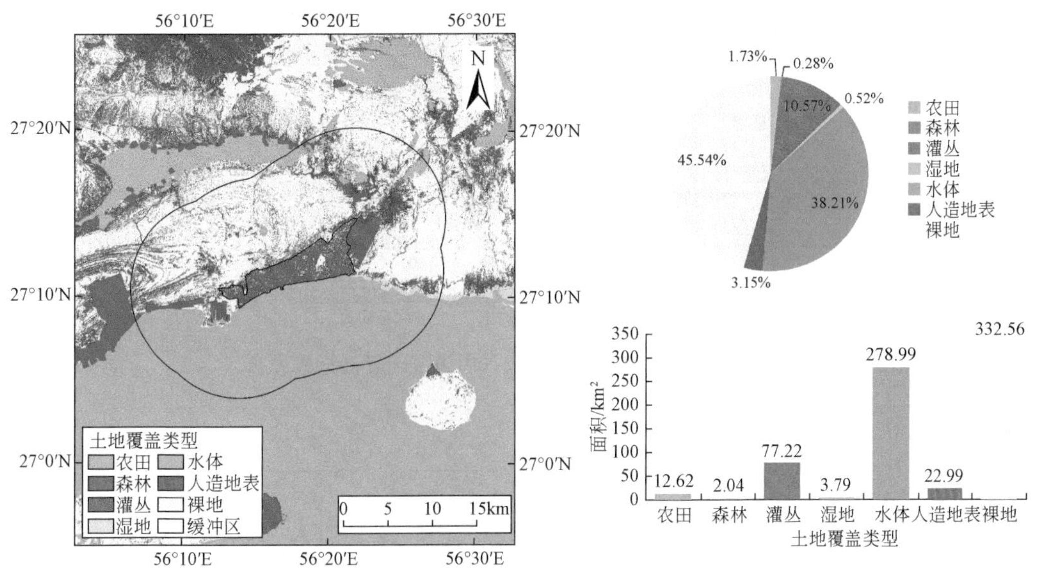

图 3-49　阿巴斯港建成区周边 10km 内土地覆盖类型分布和面积统计

3.10.3　城市空间分布现状、扩展趋势分析

建成区灯光指数区域饱和，建成区周边 10km 缓冲区西部和东北方向发展迅速。从 2013 年灯光指数（图 3-50）可以看出，阿巴斯港建成区内灯光指数均在 51 以上，城市外围 10km 缓冲区的灯光指数处于低亮值范围内，周边光团过于分散。从灯光指数变化速率（图 3-51）可以看出，10 年间，阿巴斯港建成区内灯光指数变化斜率为 0 ～ 0.5，处于缓慢增长，周边 10km 缓冲区内北部增长迅速，其中主城区西部和东北部地区亮度变化明显，光团不断扩大，说明城市 10 年间主要朝着两个方向扩张。综合来看，城市北部多为裸地沙丘，而东北方向沟谷之间植被资源较丰富，自然条件较好，光团较分散且 10 年间发展迅速，因此该区发展潜力较大；同时阿巴斯港建成区西部为新建港口，凭借优越的港口条件，且灯光指数变化斜率处于高值（1 以上），因此未来该区也会成为城市发展的重点区域。

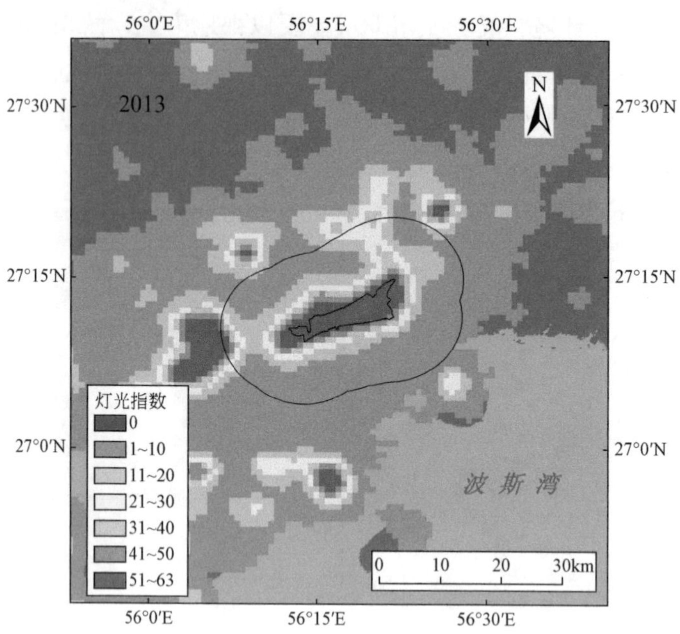

图 3-50　2013 年阿巴斯港及其周边夜间灯光指数分布

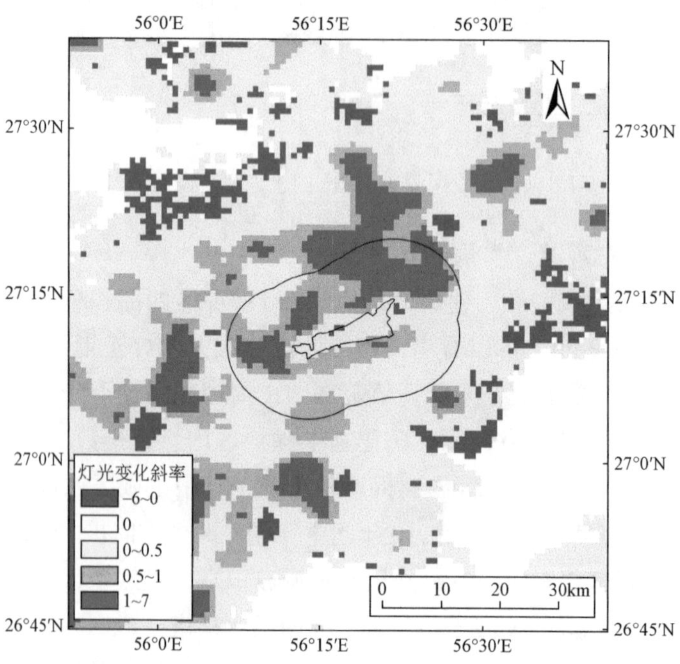

图 3-51　阿巴斯港及其周边 2000 ～ 2013 年灯光指数变化速率

3.11　小　　结

西亚重要节点和港口城市在“一带一路”中起着连接和带动区域发展的作用，各节点城市或为陆地和海上交通要道（伊斯坦布尔、亚丁、吉达、多哈和阿巴斯港等），或为区域政治、经济、文化中心（迪拜、利雅得、安卡拉和德黑兰等），这些城市的互通互联对中国和西亚各国有着重要的意义。

通过城市灯光指数分析发现，各城市 2000 年时建成区都已经成型，2014 年以来各城市都通过向周边扩张，带动了区域经济的不断发展壮大。另外，受气候因素和地域特征的影响，城市周边的土地覆盖类型以裸地和农田为主，虽然自然条件相对于其他区域较差，但是这里很多城市濒临沿海，扼守交通要道，除盛产石油、天然气之外，城市的非石油资产也是该区主要的经济来源，如利雅得的高新技术开发区产业，建立创新机制，吸引外资；迪拜如今也是世界级的贸易往来中心；多哈的交通、旅游，等等。而随着“一带一路”倡议的实施，有利于完善基础设施的建设，势必会推动中国与西亚的经济贸易往来以及文化交流，优势互补，为中国和西亚带来新的发展机遇。

第 4 章　西亚典型经济合作走廊和交通运输通道分析

“一带一路”倡议的实施是以公路、铁路、航空和海上航线等为载体，以人流、物流、资金流、信息流为基础，实现对不同城市、地区和国家的串联整合。同时西亚又是连接亚洲、非洲、欧洲三大洲，沟通两洋五海重要的交通枢纽，西亚的生态环境复杂脆弱，严重地制约着该区域的经济发展。本章通过对该区域典型经济走廊的生态环境资源分析，为新亚欧大陆桥南线铁路沿线（中国－中亚－西亚经济走廊）经济建设和生态环境的保护提供科学的依据。

4.1　廊道概况

西亚地区自古以来就是亚洲和欧洲的交通要道。在现今时代，西亚仍然是包括中国在内的东亚区域的物资和人员通往欧洲、非洲的重要通道。对于西亚来说，最重要的经济合作走廊和交通运输通道（图 4-1）是新亚欧大陆桥南线在西亚的部分，图 4-1 显示了

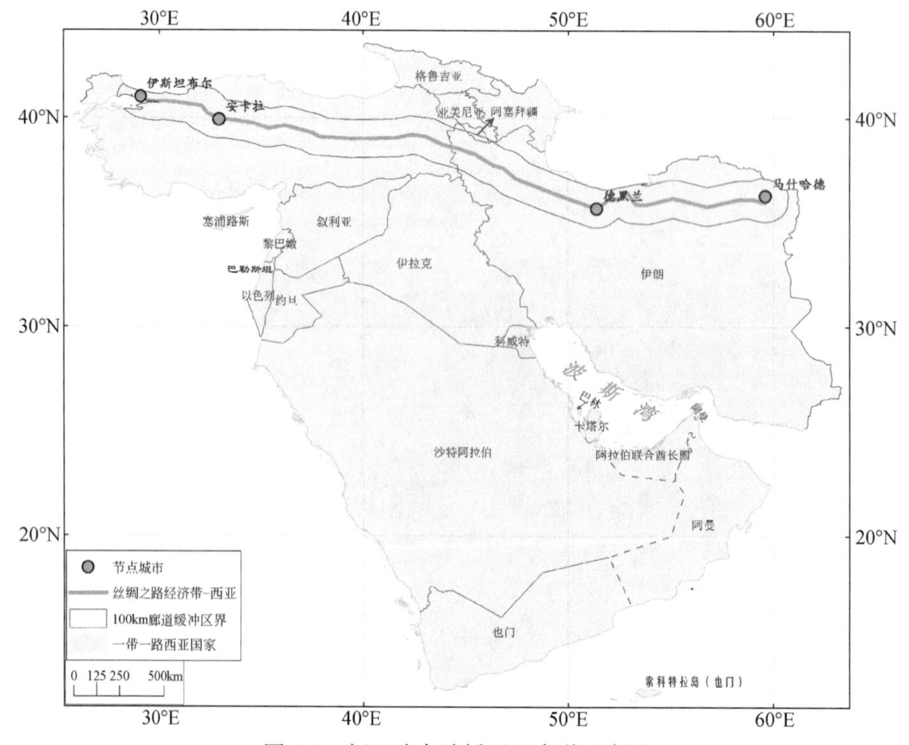

图 4-1　新亚欧大陆桥西亚廊道示意图

这个经济合作走廊和交通运输通道的位置和走向，其经济影响范围按照每个方向 100km 缓冲区（新亚欧大陆桥西亚廊道）来进行分析。

新亚欧大陆桥南线在西亚部分的交通运输通道位于西亚大陆内部，是贯通欧亚的枢纽，主要涉及伊朗和土耳其。

4.2　生态环境特征

新亚欧大陆桥西亚廊道贯穿伊朗高原北部和土耳其的安纳托利亚高原。伊朗高原属亚热带干旱和半干旱气候，降水稀少，寒暑变化剧烈，温度年较差和日较差均很大。绝大部分地区属亚热带大陆性草原和沙漠气候，冬夏温差大、雨量少，水源大多来自高山区降水；东部沙漠地区降水量为 100mm 左右，西部山地区受地中海式气候影响，年平均降水量达 500mm 以上。安纳托利亚高原属温带大陆性气候，冬季寒冷，1 月平均气温在 0℃以下，夏季干旱炎热，7 月平均气温 25℃左右，年降水量 200 ～ 600 毫米，属冬雨型，夏季干旱，山地降水较多。

4.2.1　地形

在新亚欧大陆桥西亚廊道内，地表海拔高度较高，为 1000 ～ 2000m，部分区域海拔达 3000m 以上。在新亚欧大陆桥廊道区域内多高山峻岭，坡度普遍较大，尤其是高加索山脉地形陡峭（图 4-2、图 4-3）。

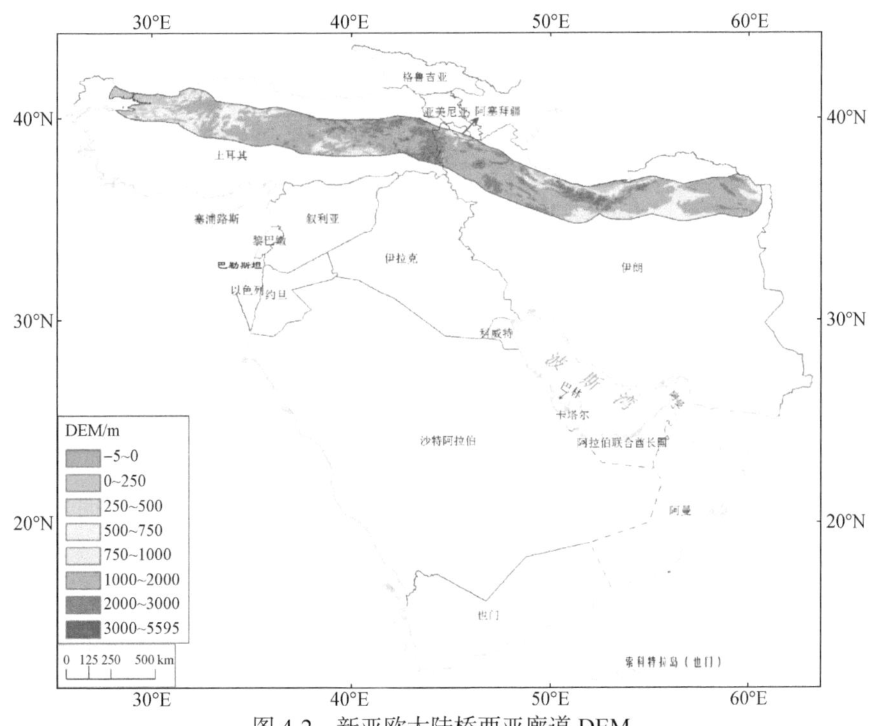

图 4-2　新亚欧大陆桥西亚廊道 DEM

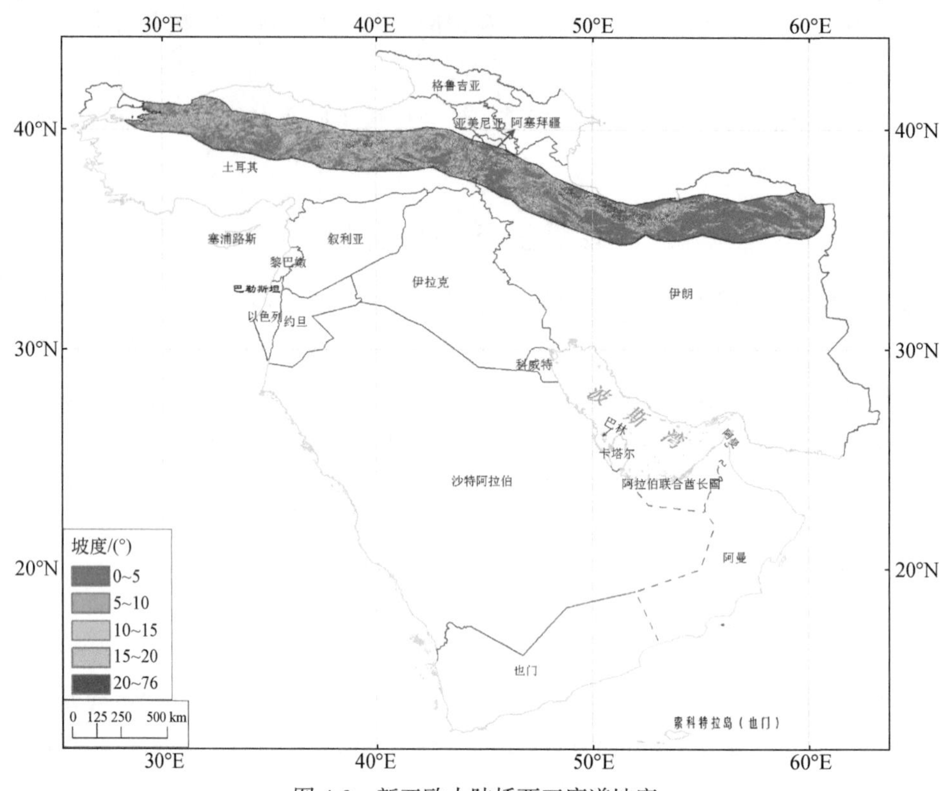

图 4-3 新亚欧大陆桥西亚廊道坡度

4.2.2 光合有效辐射

新亚欧大陆桥西亚廊道月均最大光合有效辐射普遍较高，大多高于 600W/m^2。从西亚经济走廊缓冲区年均光合有效辐射分布（图 4-4）可以看出，新亚欧大陆桥西亚廊道光合有效辐射普遍较高，且新亚欧大陆桥西亚廊道区域的月均最大光合有效辐射总体由西往东逐渐增加。其低值区出现在土耳其的黑海沿岸和伊朗的里海沿岸，大部分区域的月均最大光合有效辐射高于 600W/m^2。

4.2.3 降水量和蒸散量

（1）降水空间分布特征

新亚欧大陆桥西亚廊道整体降水量较丰富。2014 年西亚经济走廊缓冲区降水量空间分布如图 4-5 所示，新亚欧大陆桥西亚廊道西段年降水量普遍较高，从西向东逐渐下降。降水量高值区主要位于土耳其境内，年降水量多在 500mm 以上，部分区域年降水量能够达到 1000mm 左右；新亚欧大陆桥西亚廊道东段年降水量仅在伊朗里海沿岸的山地边缘的低地区域降水较多，部分区域年降水量能够达到 600 ～ 800mm；而在伊朗的新亚欧大陆桥廊道东端年降水量甚至不到 200mm。

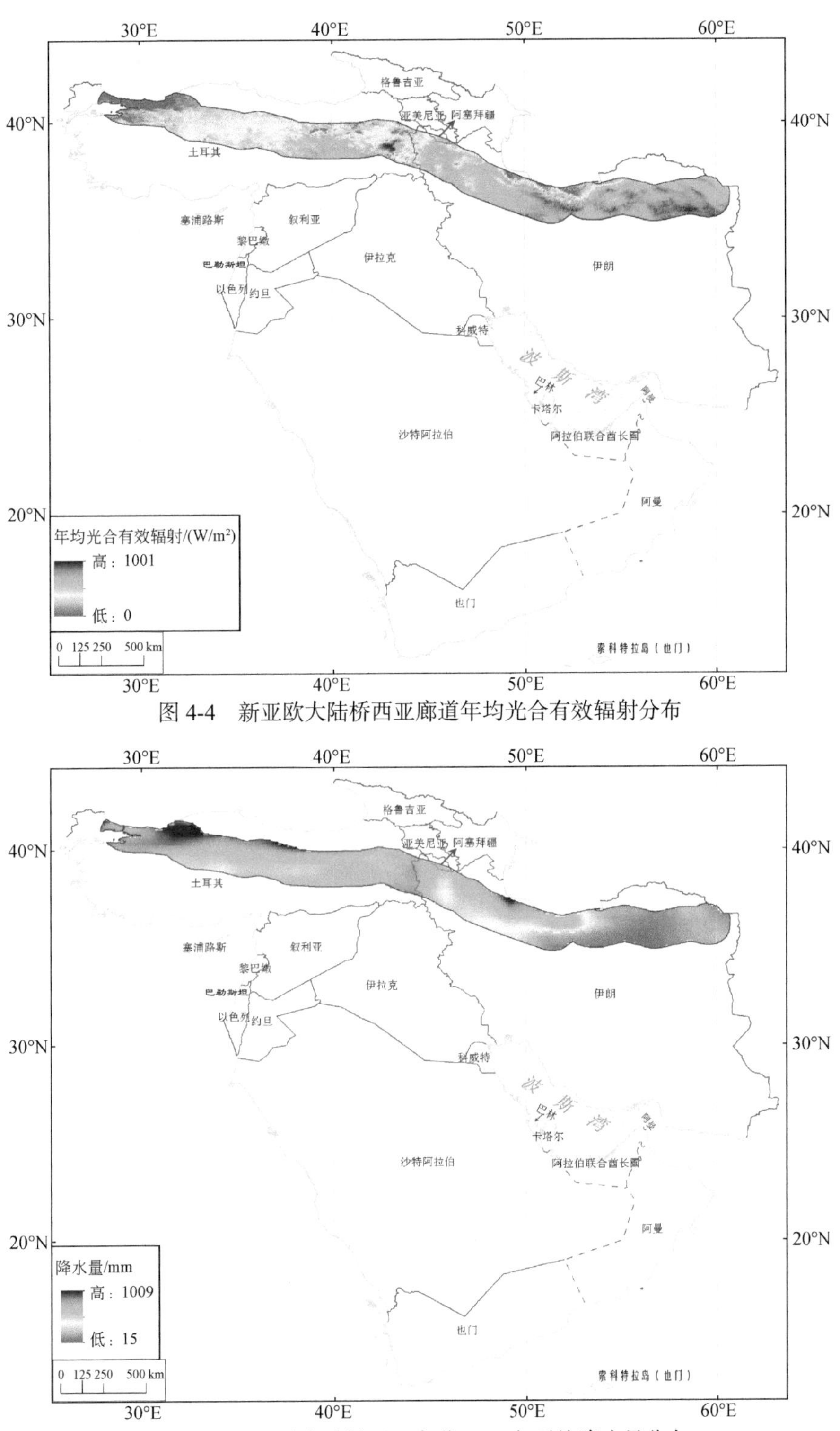

图 4-4　新亚欧大陆桥西亚廊道年均光合有效辐射分布

图 4-5　新亚欧大陆桥西亚廊道 2014 年平均降水量分布

（2）蒸散量空间分布特征

新亚欧大陆桥西亚廊道黑海沿岸和里海沿岸蒸散量最高。2014 年西亚经济走廊缓冲区蒸散量空间分布如图 4-6 所示，新亚欧大陆桥廊道西部的土耳其部分蒸散量普遍较高，大部分区域在 600mm 以上，而新亚欧大陆桥廊道东段的伊朗部分蒸散量相对较低，为 200 ～ 600mm。蒸散量最高值出现在土耳其西北部伊斯坦布尔附近的黑海沿岸，以及伊朗的里海沿岸，其蒸散量的最高值高达 1000mm 以上。另外，在新亚欧大陆桥廊道内还存在一些蒸散量的高值区域，恰为湖泊分布区。

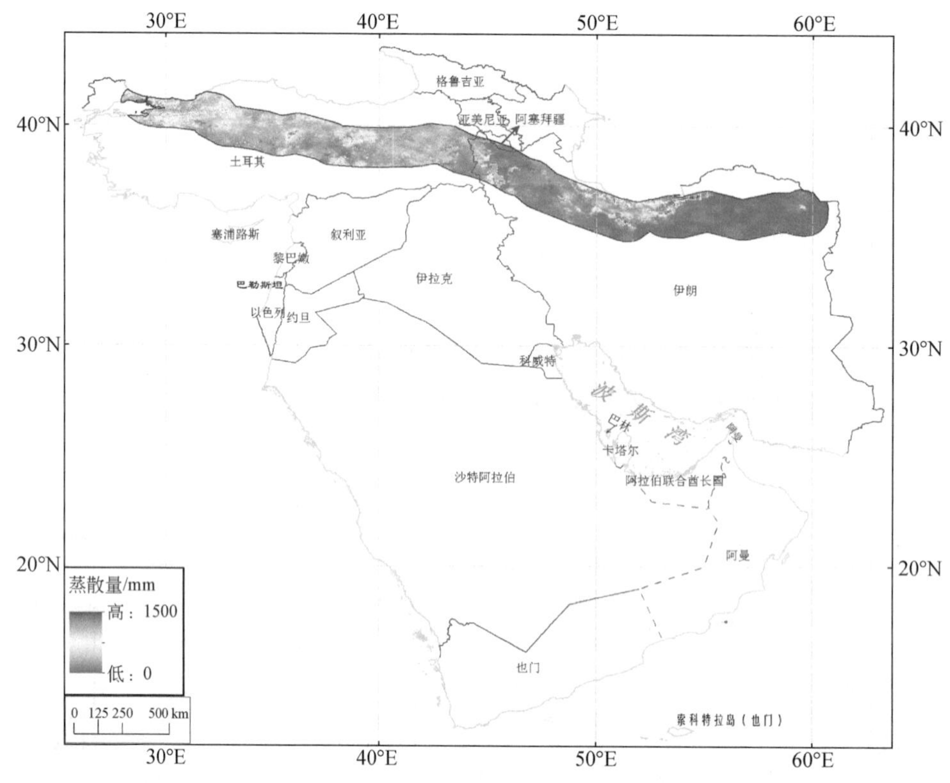

图 4-6　新亚欧大陆桥西亚廊道 2014 年蒸散量空间分布

4.2.4　土地覆盖

新亚欧大陆桥西亚廊道土地覆盖情况见图 4-7、图 4-8，廊道沿线自然条件较好，农田面积占到 31.92%，森林面积比例为 8.48%，草地面积比例为 34.86%，灌丛占比为 7.35%；此通道途经几个大的湖泊，所以水体面积也较大，水体占比为 1.85%，人造地表占比为 1.29%，而裸地占比为 14.24%。

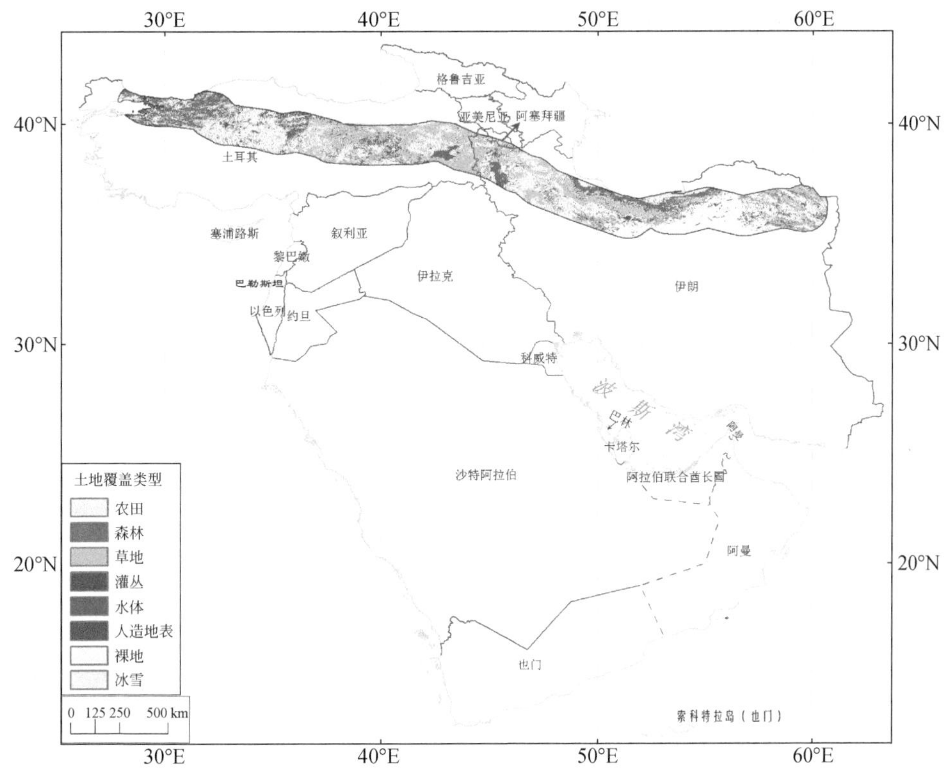

图 4-7　新亚欧大陆桥西亚廊道土地覆盖类型分布

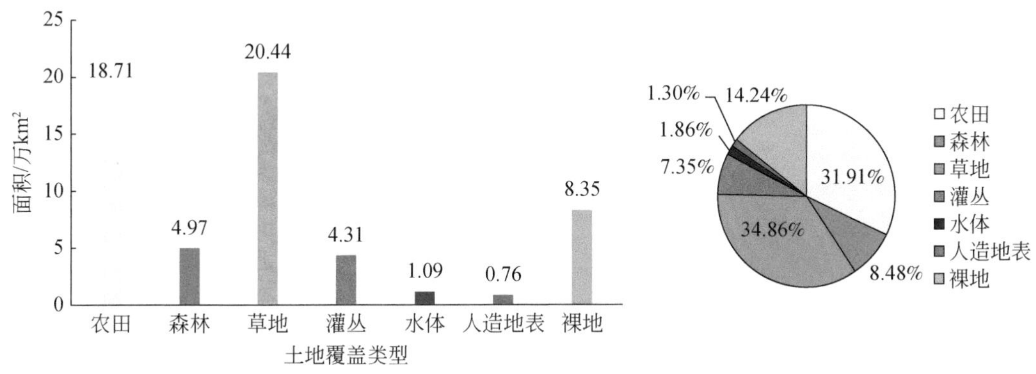

图 4-8　新亚欧大陆桥西亚廊道土地覆盖类型面积及占地比例

本廊道依托的国家政权稳定，均属于西亚的地区强国，这也为该亚欧大陆桥的畅通和高效运行提供了必要的安全保障。新亚欧大陆桥沿线的土地覆盖 / 土地利用类型分布见表 4-1。

表 4-1 新亚欧大陆桥西亚廊道土地覆盖类型面积及占地比例

土地覆盖类型	面积比例 /%	面积 / 万 km^2
农田	31.92	18.71
森林	8.48	4.97
草地	34.86	20.44
灌丛	7.35	4.31
水体	1.85	1.09
人造地表	1.29	0.76
裸地	14.24	8.35

4.2.5 土地开发强度分析

在新亚欧大陆桥西亚廊道大部分区域降水量较高，土地肥沃，气候适宜，土地开发强度指数高，适合农业开发。由图 4-9 可见，土地开发强度指数多在 0.5 以上，在土耳其的黑海沿岸和伊朗西部的部分区域，其土地开发强度指数甚至接近 1；但在伊朗境内的廊道东部区域，部分区域由于荒漠分布的影响，不适合农业开发，其土地开发强度指数较低，甚至接近于 0。

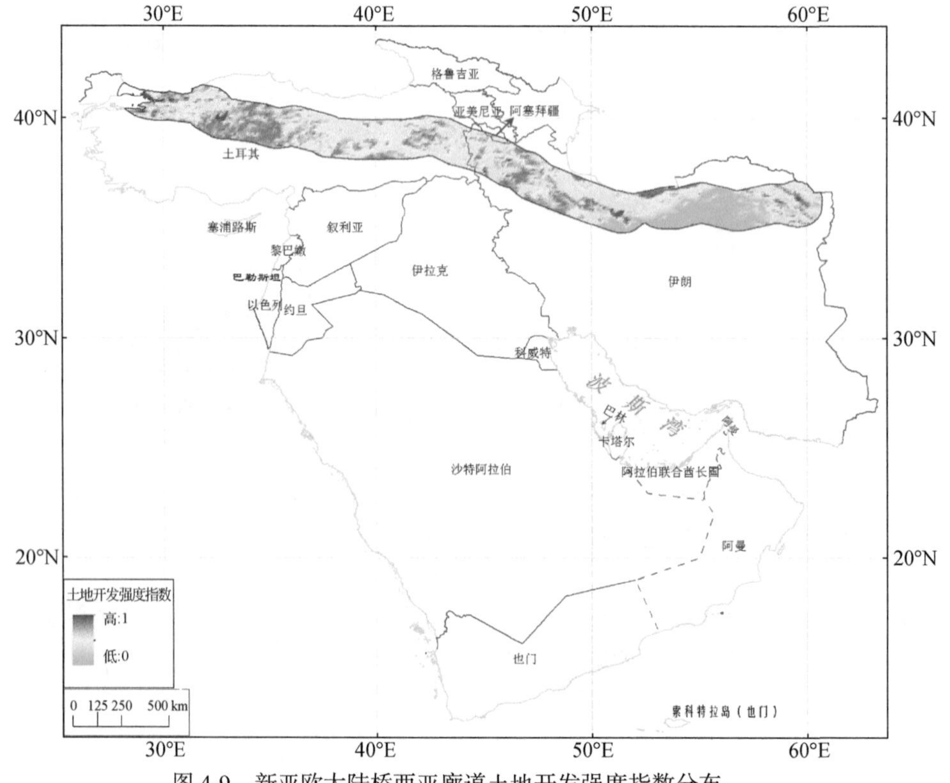

图 4-9 新亚欧大陆桥西亚廊道土地开发强度指数分布

4.2.6 农田与农作物

利用 2014 年农田复种指数数据，分析新亚欧大陆桥西亚廊道内农作物种植空间分布特征(图 4-10)。廊道内的黑海沿岸、高加索山脉和里海沿岸适合农业开发，分布大量农田，农田复种指数相对较高，农作物以一年一熟的种植模式为主，局部区域存在一年两熟的种植模式。

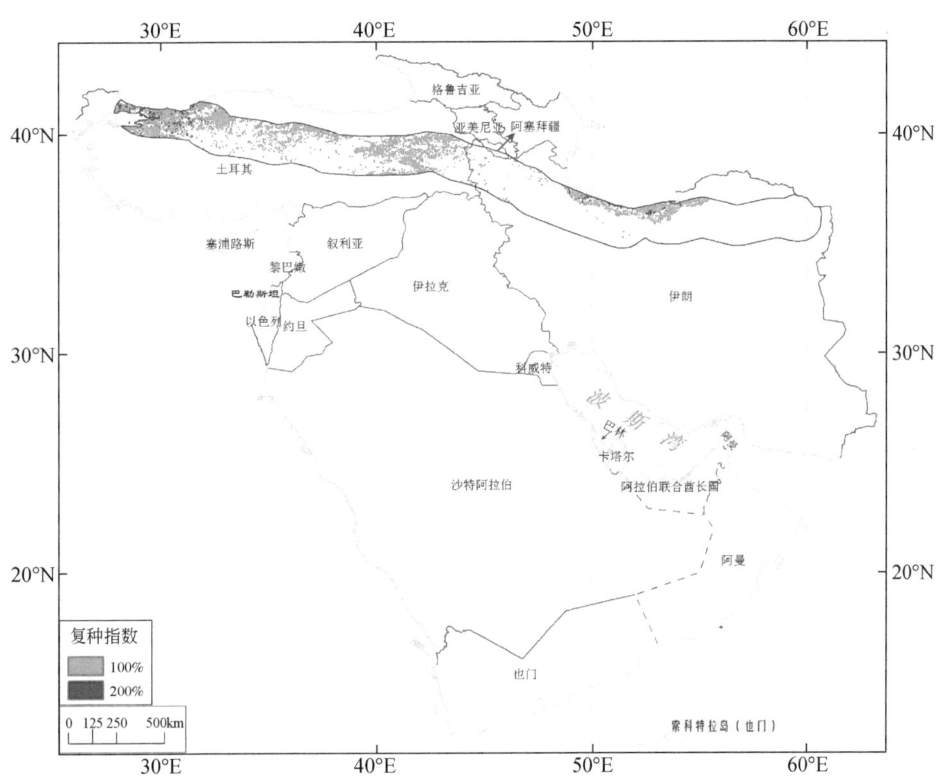

图 4-10　2014 年新亚欧大陆桥西亚廊道的农田复种指数分布

4.2.7 森林

（1）森林地上生物量

利用 2014 年森林地上生物量遥感产品分析新亚欧大陆桥西亚廊道内森林地上生物量空间分布特征（图 4-11）。廊道内森林地上生物量总体较低，大多小于 20t/hm^2；仅在廊道的土耳其西部和伊朗东部有部分区域森林地上生物量达到 120t/hm^2，甚至超过 160t/hm^2。

（2）森林 LAI 空间分布

新亚欧大陆桥西亚廊道内森林年最大 LAI 空间分布差异明显，大多数区域的森林年最大 LAI 值低于 1。

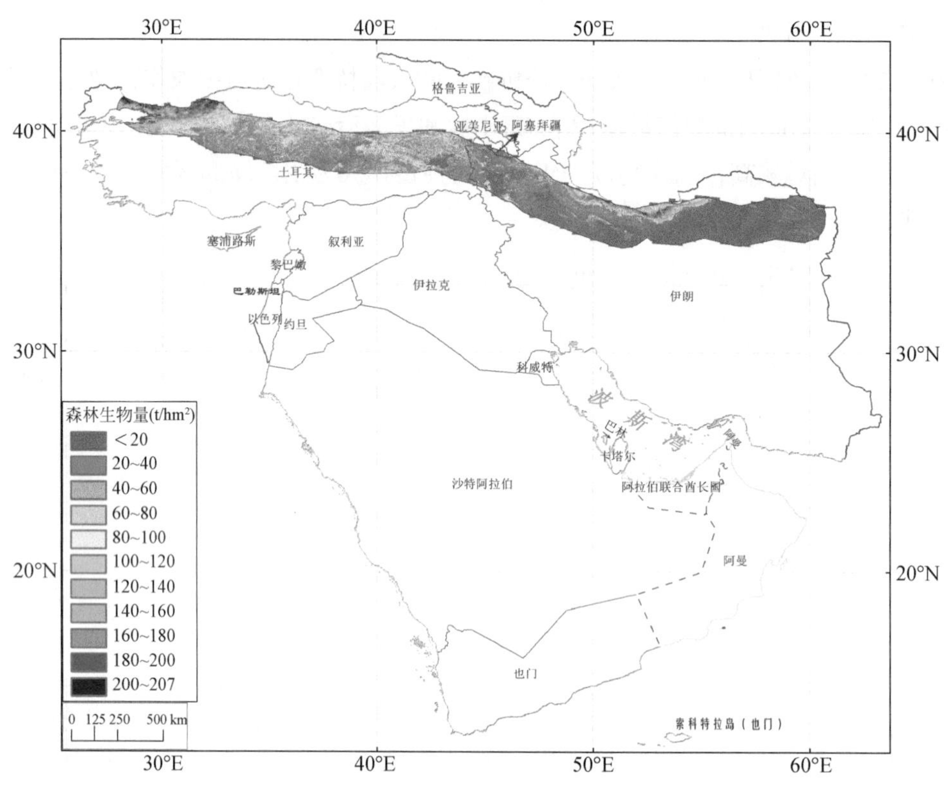

图 4-11　新亚欧大陆桥西亚廊道森林地上生物量分布

利用遥感植被 LAI 产品分析了 2014 年新亚欧大陆桥西亚廊道内森林类型年最大 LAI 空间分布特征（图 4-12）。新亚欧大陆桥西亚廊道内森林年最大 LAI 空间分布差异明显，全区域年最大 LAI 值整体较低，普遍低于 1，仅在土耳其西部的黑海沿岸和伊朗北部的里海沿岸部分区域年最大 LAI 值较高。廊道内森林 LAI 值小于 1 的像元占比 91.51%，LAI 值为 8 ～ 20 的占 1.43%，LAI 值为 36 ～ 44 的占 4.42%，LAI 值为 44 ～ 62 的占 2.73%，其余占 2.65%。

（3）森林 NPP 空间分布

利用遥感 NPP 产品分析了 2014 年新亚欧大陆桥西亚廊道内森林类型年累积 NPP 空间分布特征（图 4-13）。廊道内森林类型年累积 NPP 空间分布差异显著，全区森林年累积 NPP 值低于 $10gC/m^2$ 的占 92.14%，森林年累积 NPP 最大值出现在土耳其西部的黑海沿岸和伊朗北部的里海沿岸地区，最大值超过 $600gC/m^2$，占比为 7.63%；而在其他区域，森林 NPP 值普遍小于 $10gC/m^2$。

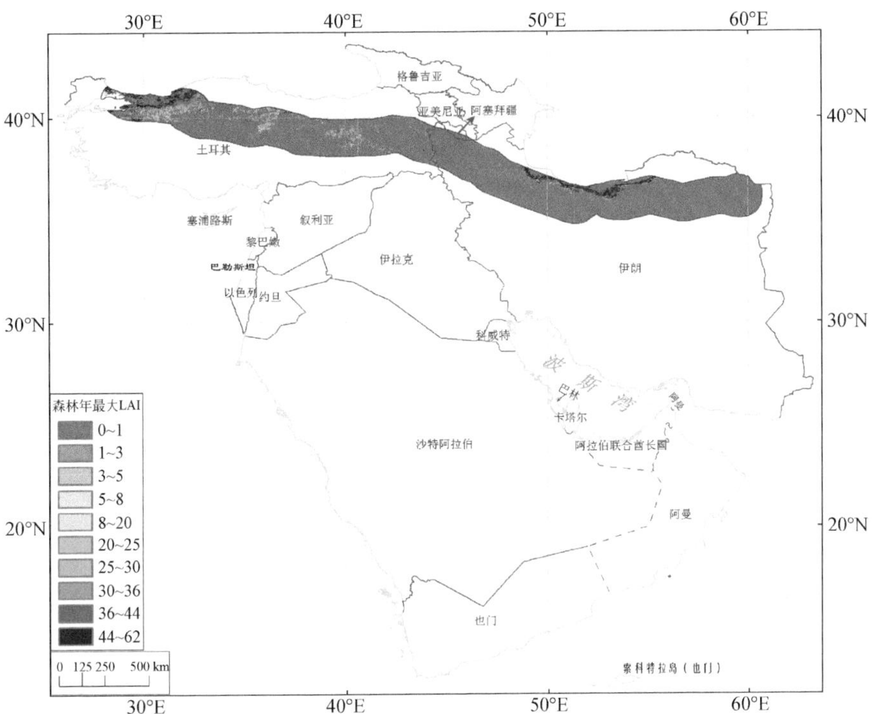

图 4-12　新亚欧大陆桥西亚廊道区域森林年最大 LAI 空间分布

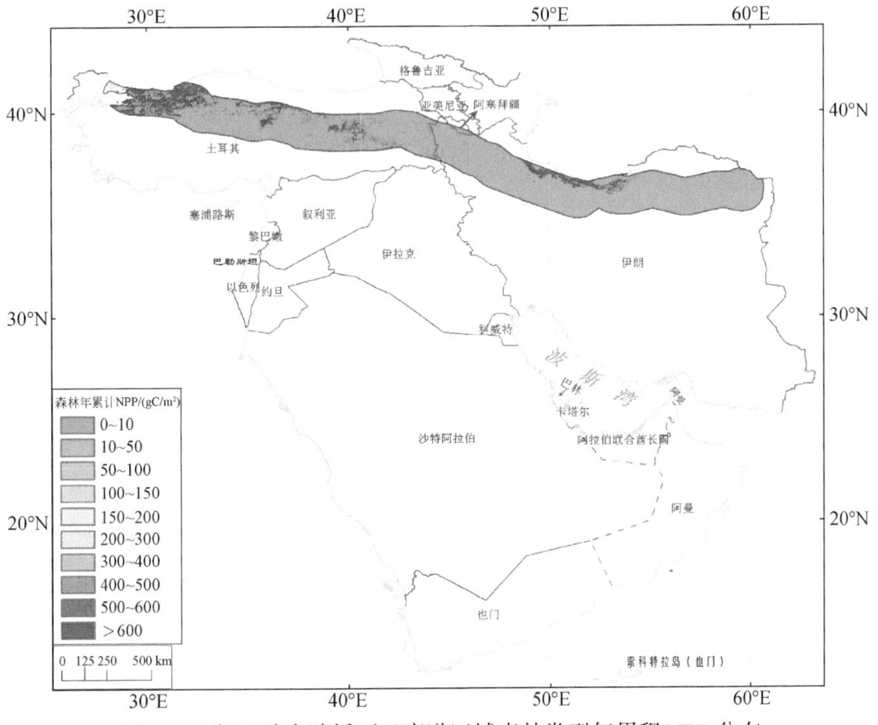

图 4-13　新亚欧大陆桥西亚廊道区域森林类型年累积 NPP 分布

4.2.8 草地

（1）草地覆盖度

新亚欧大陆桥西亚廊道经过里海沿岸和高加索山脉，自然条件较好，草地植被覆盖度较高，尤其在土耳其境内东部山区的部分和伊朗西部山区植被茂密，覆盖度更高（图4-14）。

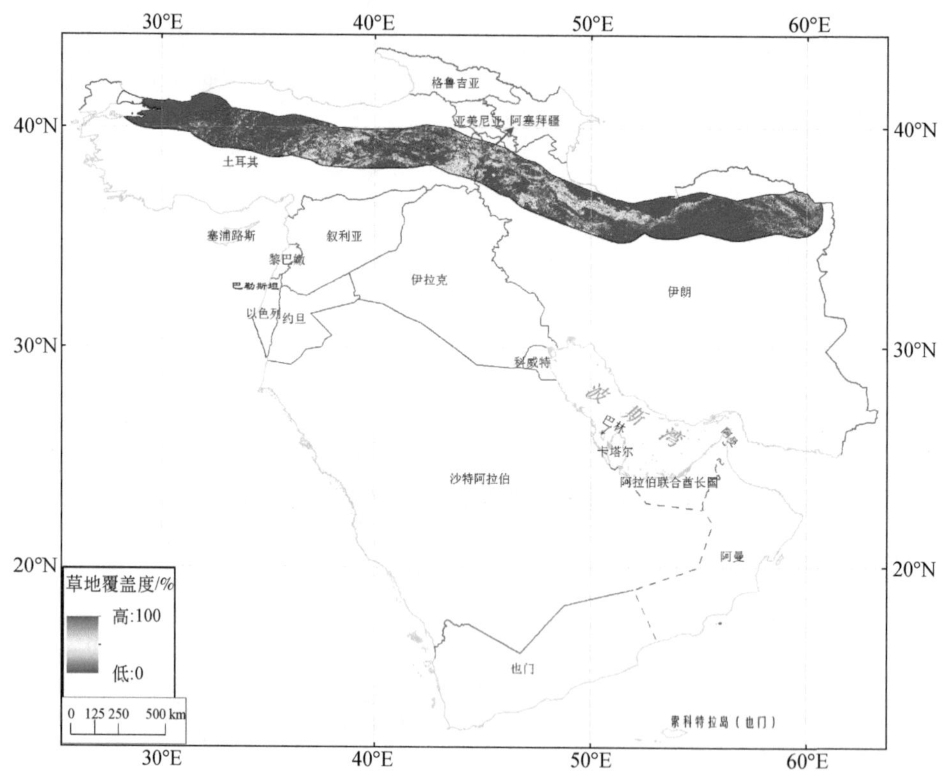

图 4-14　新亚欧大陆桥西亚廊道草地植被覆盖度分布

（2）草地 LAI 空间分布

新亚欧大陆桥西亚廊道内草地年最大 LAI 空间分布差异明显。利用遥感植被 LAI 产品分析了 2014 年新亚欧大陆桥西亚廊道内草地年最大 LAI 空间分布特征（图 4-15）。廊道内草地年最大 LAI 空间分布差异明显，草地年最大 LAI 值低于 1 的面积占比为 65.28%，LAI 值为 1 ～ 3 的面积占比为 6.03%，LAI 值为 3 ～ 5 的面积占比为 9.07%，LAI 值为 5 ～ 8 的面积占比为 10.38%，而 LAI 值在 8 以上的仅占总面积的 1% 以下。

（3）草地 NPP 空间分布

利用遥感 NPP 产品分析了 2014 年西亚廊道内草地年 NPP 值空间分布特征（图 4-16）。廊道内草地年 NPP 空间分布差异显著，其值域分布呈现哑铃状，全区草地年 NPP 值低

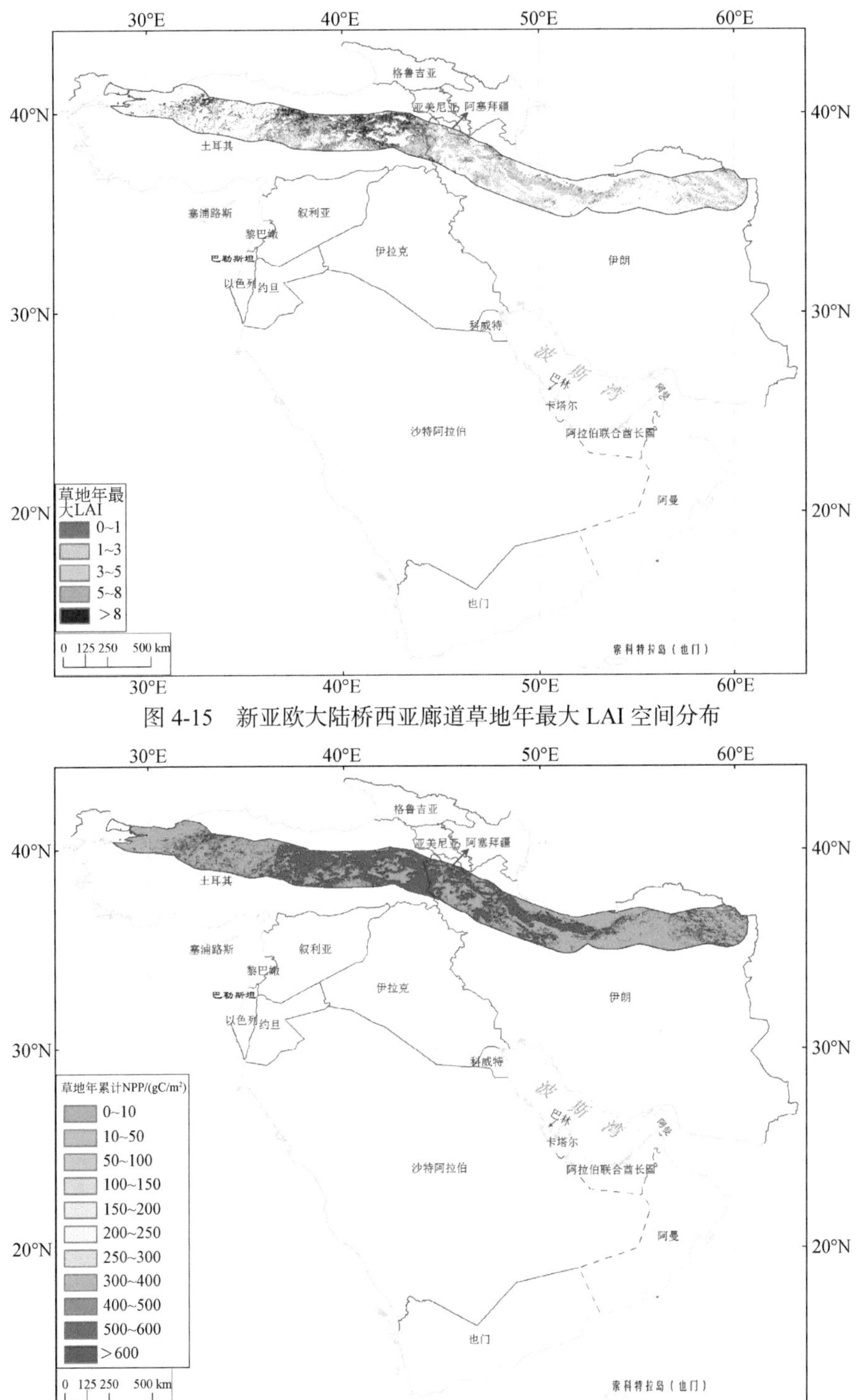

图 4-15　新亚欧大陆桥西亚廊道草地年最大 LAI 空间分布

图 4-16　新亚欧大陆桥西亚廊道草地年累积 NPP 分布

于 10gC/m^2 的占 67.46%，草地年 NPP 最大值出现在土耳其东部的高加索山脉和伊朗北部的里海沿岸区域，最大值超过 600gC/m^2，占比为 30.27%；而草地年 NPP 最大值为 10 ～ 600gC/m^2 的仅占 2.27%。

4.2.9 灯光指数

由图 4-17 和图 4-18 可以看出，新亚欧大陆桥西亚廊道整体的灯光指数值不高，反映该廊道总体的经济发展水平尚欠发达。该廊道有 6 个比较大的灯光团块，从东向西分别为马什哈德、德黑兰、大不里士、安卡拉和伊斯坦布尔五个城市区域以及伊朗里海沿岸的港口城市带，其中以德黑兰和伊斯坦布尔的灯光指数较高。2000 年至 2013 年，廊道的西部，即土耳其境内部分零散的灯光有所增加，反映了小城镇的快速发展，但安卡拉和伊斯坦布尔的灯光亮度及亮度分布的格局变化较小。伊朗境内从 2000 ～ 2013 年的灯光亮度及分布格局均无明显变化。

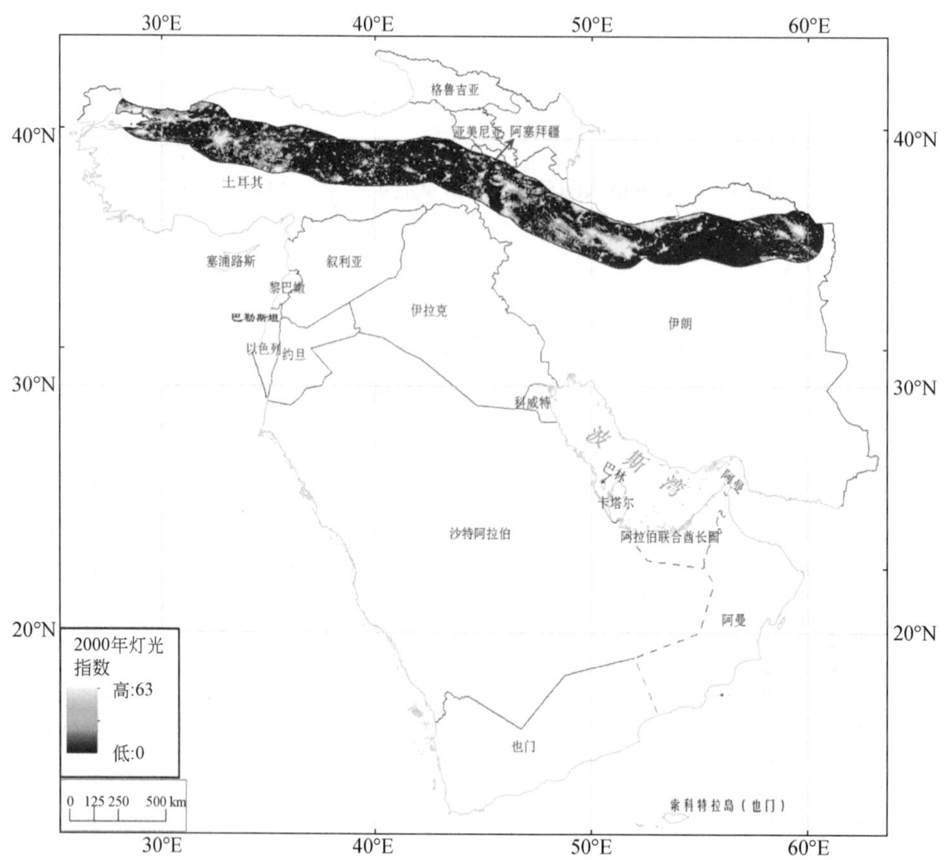

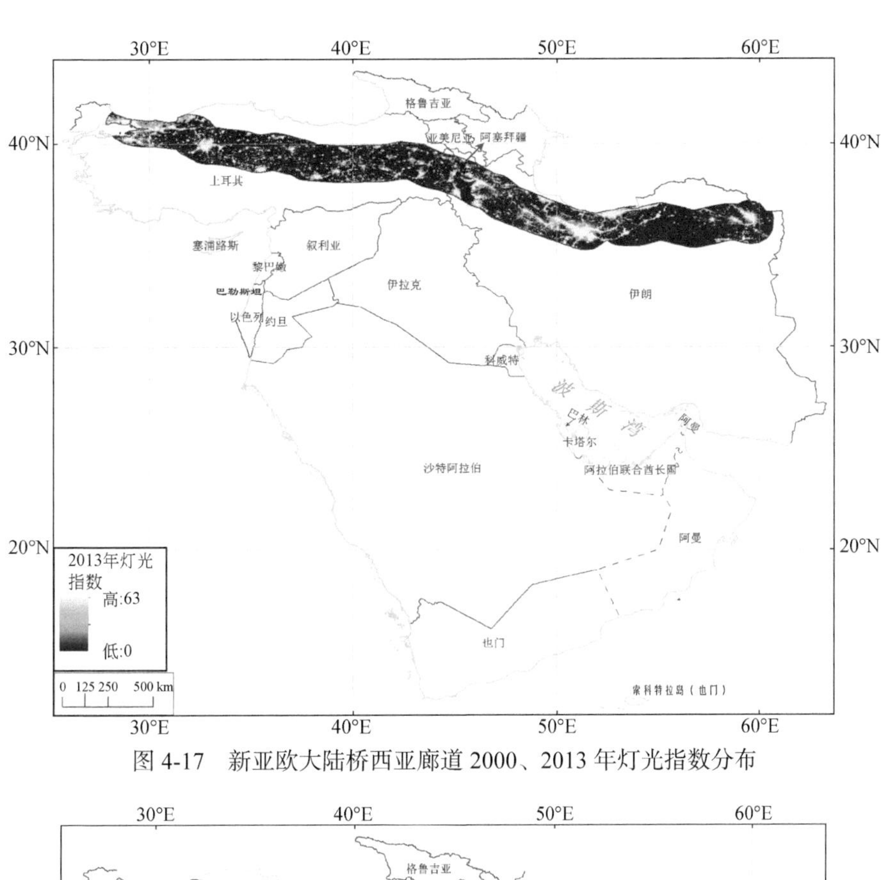

图 4-17　新亚欧大陆桥西亚廊道 2000、2013 年灯光指数分布

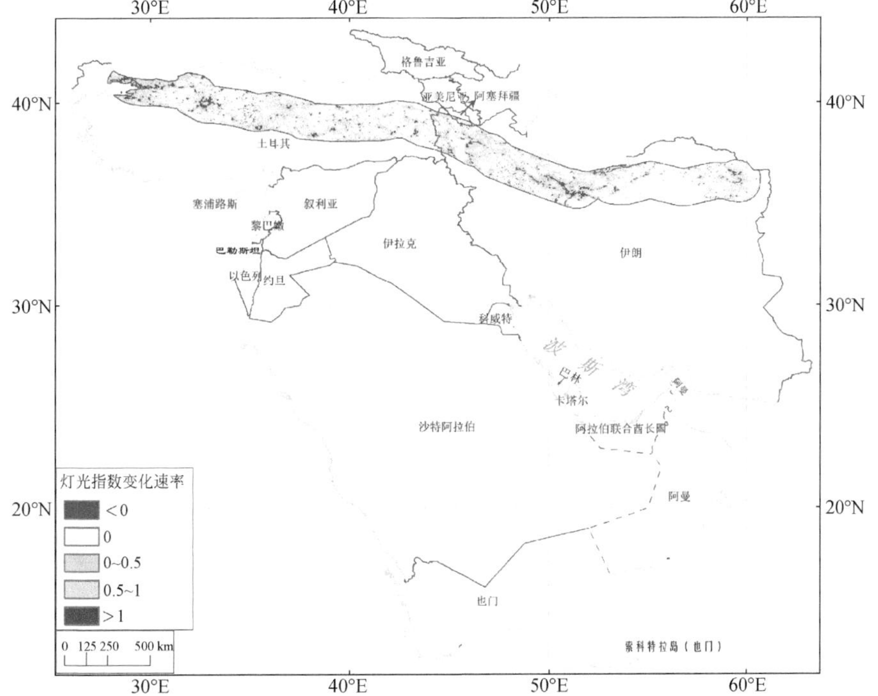

图 4-18　新亚欧大陆桥西亚廊道 2000 ～ 2013 年灯光指数变化速率分布

4.3 主要生态环境限制

4.3.1 地形 / 温度

新亚欧大陆桥西亚廊道地势险峻。廊道主要处于山区，该区降水较多，适合农业发展，但山势陡峻，坡度较大，地质灾害和寒冬灾害多发。

在新亚欧大陆桥西亚廊道区域内多高山峻岭，坡度较大，大部分区域的坡度为 10° ～ 15°，尤其在土耳其西部的山地和伊朗中部的山地区域坡度较大，部分区域地表坡度大于 20°。但在伊朗东部的部分区域分布有山间盆地，地势低平，坡度为 0° ～ 5°（图 4-19）。

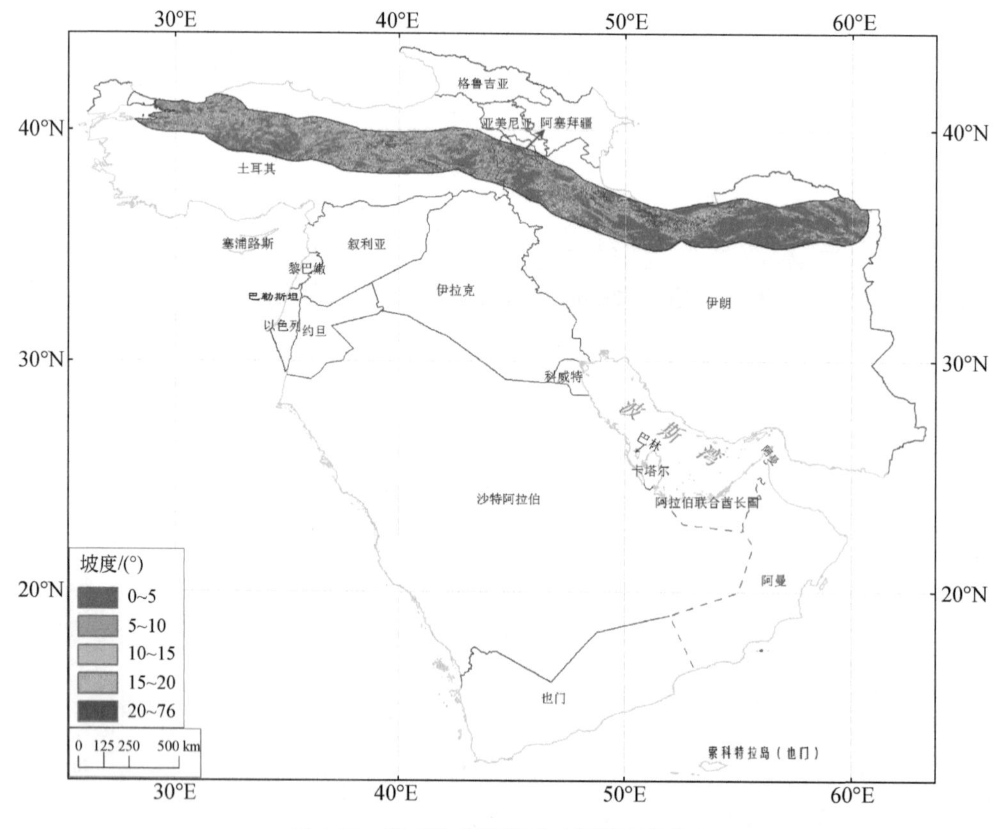

图 4-19　新亚欧大陆桥西亚廊道坡度分布

新亚欧大陆桥西亚廊道是全球自然生态环境最差的地区之一，自然灾害对"一带一路"建设形成了潜在的威胁。

西亚廊道区域降水分布不均匀，受副热带高压和西风带的季节性交替控制，仅山地和黑海沿岸地带降水较丰富，年降水量为 500 ～ 1000mm。其余大部分区域依赖发源于高原边缘山地冰川融水补给，河流水量较小，且季节变化大。

2014 年西亚廊道内年平均气温分布如图 4-20 所示，在廊道东部的伊朗年平均气温较高，多在 20 ～ 30℃之间，西部的土耳其年平均气温略低，多在 18 ～ 20℃之间；但在廊道的中部山区由于海拔较高，年平均气温较低，略高于或等于 6℃。

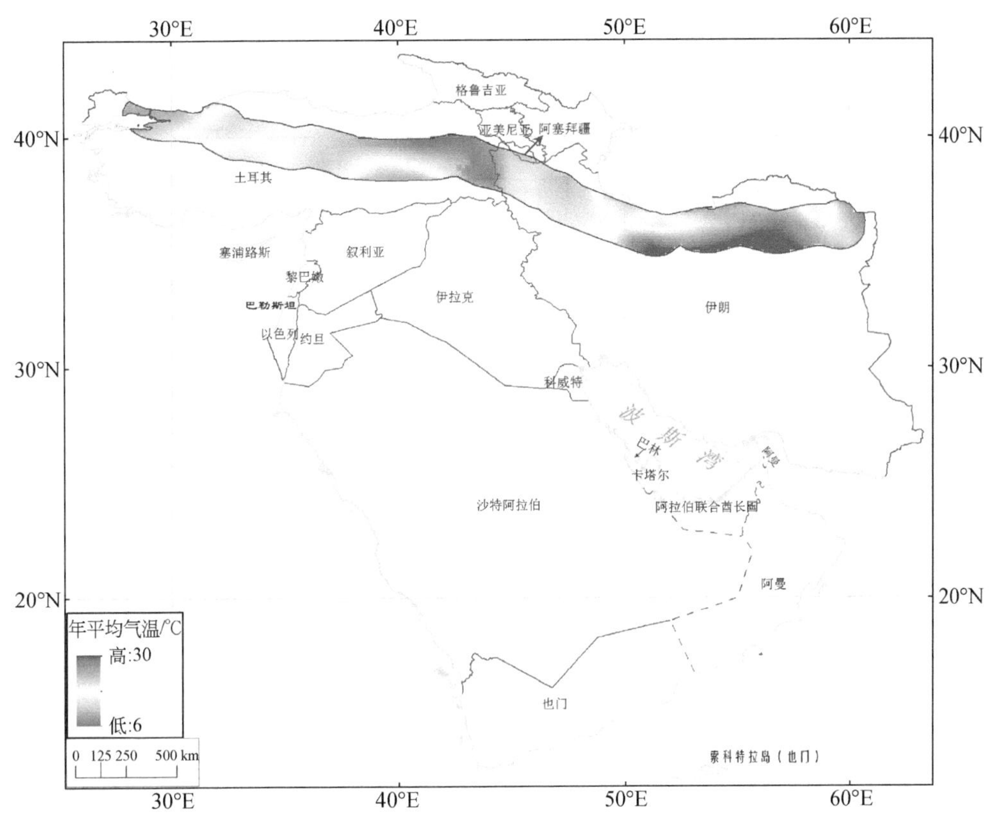

图 4-20　新亚欧大陆桥西亚廊道 2014 年平均气温分布

4.3.2　荒漠及土地退化

新亚欧大陆桥西亚廊道东部局部分布荒漠，但土地退化不显著，在廊道伊朗段的东侧有少量盐漠分布。基于 MODIS 数据的裸地分布及沙漠提取结果分析，2014 年新亚欧大陆桥西亚廊道区域沙漠面积为 64837.00km^2（图 4-21）。

西亚廊道内土地退化情况不严重，廊道区域自然条件适宜农业发展。图 4-22 显示了西亚经济廊道土地退化的空间分布。廊道内土地退化区域主要分布在伊朗的里海沿岸；在廊道区域，土地退化面积约为 14547.00km^2，约占廊道区域的 2.48%。

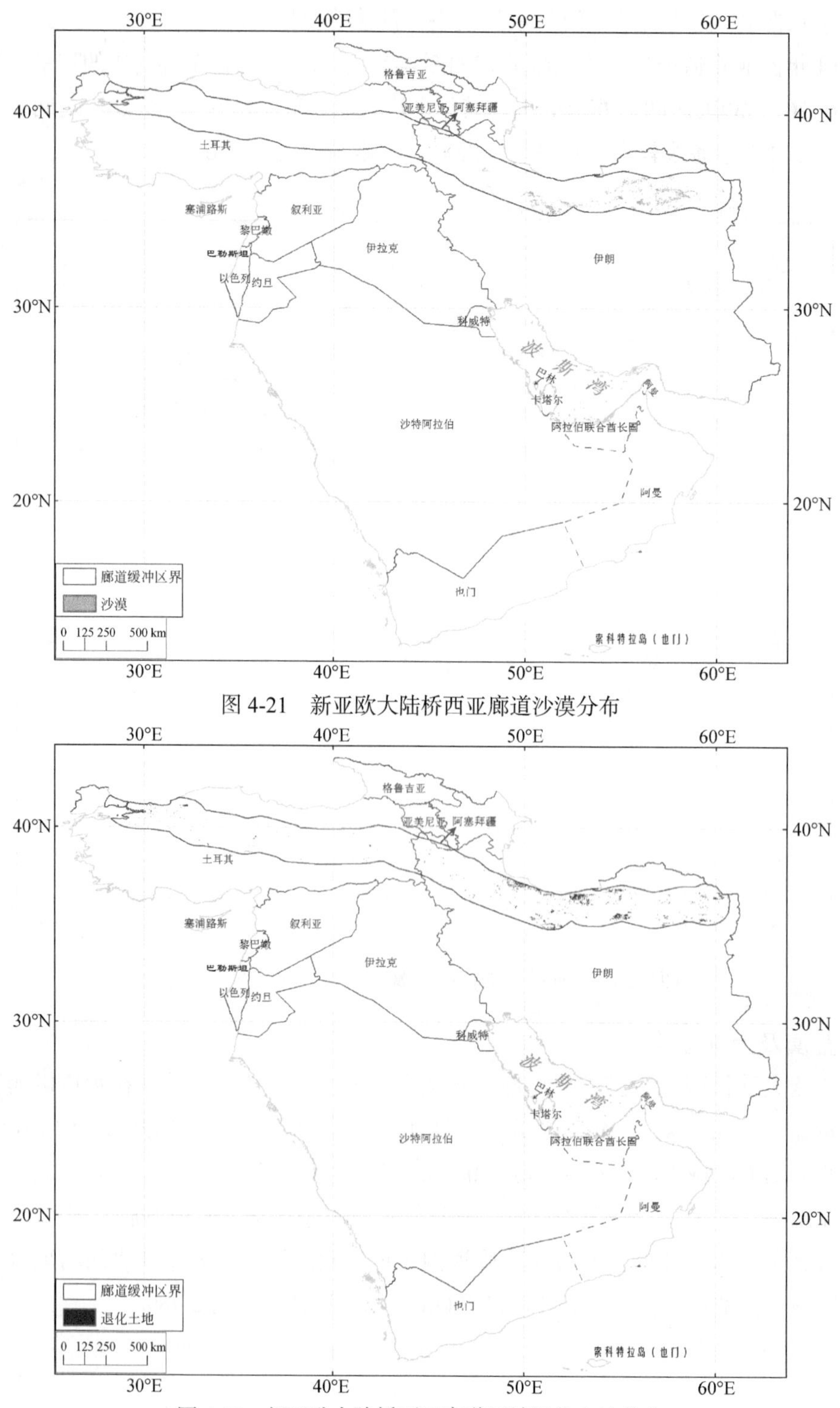

图 4-21 新亚欧大陆桥西亚廊道沙漠分布

图 4-22 新亚欧大陆桥西亚廊道区域退化土地分布

4.3.3　自然保护区

廊道沿线穿越诸多自然保护区，需加强保护。廊道内分布的自然保护区主要包括国家公园、自然遗迹、物种 / 生境保护区、自然保护区、陆地 / 海洋景观保护区及资源可持续利用保护区等。图 4-23 显示，在新亚欧大陆桥西亚廊道内的保护区有 42 个，但面积只有 2631.95km^2，仅占廊道总面积的 0.45%，另外还有 18.67km^2 的海洋保护区。

西亚廊道内以伊朗的保护区较多。从各类保护区占地面积及其在各国家所占比例分析，伊朗以国家公园、物种 / 生境保护区和陆地 / 海洋景观保护区为主。从整体看来，伊朗对保护区重视程度最高。

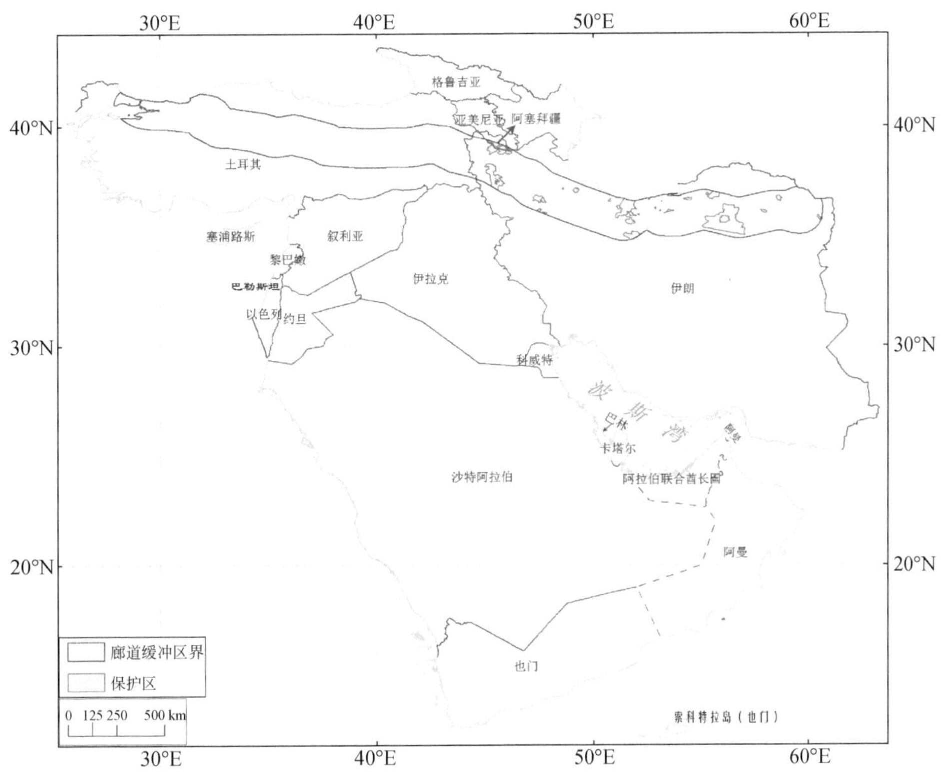

图 4-23　新亚欧大陆桥西亚廊道区域内的自然保护区分布

4.4　廊道建设的潜在影响

新亚欧大陆桥西亚廊道在陆地上纵贯了西亚，深入到了西亚的腹地。廊道的建设对西亚的经济社会和生态环境发展利弊兼有。廊道建设将会极大地促进西亚经济社会的发展，提高廊道乃至整个西亚的经济发展水平和区域内人民的生活水平。

廊道建设在短期内对生态环境的影响将是以负面影响为主。西亚廊道穿过大量保护区，许多保护区处于生态脆弱地区，经济建设和经济开发活动不可避免地要与保护区发生冲突，尤其在山地高原，植被生长状况较好，生态系统脆弱，人口稀疏，廊道沿线主要为林地、农田和保护区，廊道的建设会对该区域脆弱的生态环境造成一定程度的破坏。廊道内的石油开采、石油冶炼及廊道建设本身也会造成周边的环境污染，进而对当地居民产生不利的影响。因此，西亚廊道建设需考虑区域的综合生态保护，避免对区域自然环境的破坏。

4.5 小　　结

新亚欧大陆桥西亚廊道位于西亚大陆内部，是贯通欧亚的枢纽，主要涉及伊朗和土耳其。根据廊道每侧 100km 的缓冲区分析，其经济影响还涉及了位于高加索山地的亚美尼亚和阿塞拜疆的部分地区。

新亚欧大陆桥西亚廊道穿过的区域自然条件较好，大部分区域海拔较高，坡度较大，降水量较丰富，土地肥沃，气候适宜，土地类型以农田和草地为主。在黑海沿岸、高加索山脉和里海沿岸，分布有大量农田，农作物以一年一熟的种植模式为主，局部区域存在一年两熟的种植模式；草地植被覆盖度较高，尤其在土耳其境内东部山区和伊朗西部山区植被茂密，草地植被覆盖度较高；森林地上生物量总体上较低，主要分布在土耳其西部和伊朗东部部分区域。

新亚欧大陆桥西亚廊道主要处于山区，山势陡峻，坡度较大，地质灾害和寒冬灾害多发。走廊东部局部地区存在荒漠化，但土地退化不显著，廊道内伊朗等国家保护区较多，开发活动要避开这些保护区域。

总体上看，新亚欧大陆桥西亚廊道沿线的整体灯光指数不高，虽然土地开发强度比较大，但主要集中在农田和草地上，廊道城市经济发展水平欠发达。但由于自然资源比较丰富，加上其地理区位优势和"一带一路"倡议的实施，该走廊区域经济生态建设一定会向更好的方向发展。

第5章　结　　论

本报告运用卫星遥感数据和产品对“丝绸之路经济带”西亚区域的生态环境状况进行了监测与评估，主要结论如下。

（1）西亚地区气候干旱，水资源稀缺，沙漠广布，生态环境脆弱

该区域地形以高原为主，光合有效辐射总体较强，呈现由东北向西南逐渐增加的趋势。该地区气候干旱，气温空间分布差异较大，平均降水量明显低于全球平均水平，水分盈余量较少，水资源缺乏，沙漠广布。西亚地区的土地覆盖类型较为单一，生态系统及生物多样性相对较差，以裸地和农田生态系统为主。其中，裸地覆盖面积最大、分布最广，占该区域总面积的61.04%；其次为农田，占总面积的15.34%，因自然水资源匮乏，以灌溉农业为主。农田主要集中于小亚细亚半岛及美索不达米亚平原，主要粮食作物包括小麦和玉米，农作物以一年一熟的种植模式为主。该区域森林分布较少，且森林生物量普遍较低；草地是西亚地区最为主要的自然植被类型，但受气候和地域差异的影响，其植被覆盖度和年最大LAI空间分布迥异，NPP由北向南、自东向西呈地带性分布。

（2）西亚土地开发程度很低，主要体现为农耕垦殖和建设性开发

西亚土地开发强度指数平均值仅为0.19，开发状况处于很低的水平，且开发强度区域差异非常明显。阿拉伯半岛和伊朗东南部开发强度较低，该区域降水稀少、气候干旱、植被覆盖率低，荒漠和裸地面积占比大，特殊的自然气候条件限制了人类的开发和利用，可充分利用开发的土地极为有限。开发强度较高的区域主要对应农田、森林、灌丛和草地等土地覆盖类型，集中于小亚细亚半岛和美索不达米亚平原，该区域社会经济比较发达、人口密集，基础设施建设等方面需求旺盛，但总体来看可开发的土地资源也很有限。如何权衡二者的利弊、选择差异化的区域开发策略，是“一带一路”建设需重点考虑的问题。

（3）城市建设需优化内部结构，全面考虑人居环境，增加绿地比率

西亚各主要节点城市的不透水层占比平均水平在80%左右，建筑物密集，城市绿化水平相对偏低。城市高不透水层结构和低绿化环境容易造成热岛效应等多种环境问题，不利人居，城市发展面临较大的生态环境压力。在城市建设和规划过程中要重视绿地的生态屏障功能，进而优化城市内部结构，提高人居环境水平。西亚主要节点城市自然条件相对其他区域差，但是很多城市濒临沿海，扼守交通要道，除盛产石油、天然气之外，城市的非石油资产也是该区主要的经济来源，如利雅得的高新技术开发区产业、迪

拜的世界级贸易中心等。西亚各节点城市和港口在2000年时的建成区都已经成型，截至2014年，各城市都在不断向周边扩张，带动了区域经济的不断发展壮大。随着"一带一路"倡议的实施，将更加有利于完善基础设施建设，势必进一步推动中国与西亚的经济贸易往来以及文化交流，将为西亚城市带来新的发展机遇。

（4）经济走廊建设需因地制宜，趋利避害

新亚欧大陆桥西亚廊道沿线多山，山势陡峻，坡度较大，荒漠广布，地质灾害和寒冬灾害多发，自然灾害对"一带一路"建设构成潜在威胁，在经济走廊建设过程中要科学评估灾害风险，最大程度规避自然灾害。走廊东部土地覆盖多为荒漠，可利用水土资源稀缺。廊道内伊朗等国家保护区较多，廊道建设可能对沿线生态环境和生物多样性等形成潜在威胁和扰动，在建设过程中要注意生态保护，注重保护区的综合生态功能，维护生物多样性，避免对自然环境的破坏。廊道内的石油开采、石油冶炼等活动可能会对周边环境造成污染，进而对当地居民产生不利的影响，应注重环保措施和环保政策的落实。总之，在开发建设过程中要处理好开发与保护的关系，因地制宜，趋利避害，做到经济建设发展和生态环境保护平衡发展。

参考文献

黄健 . 2015. 文明之都——安卡拉 . 广西城镇建设（6）：96-104.

刘洋 . 2014. 多哈的城市转型之道 . 公关世界：上半月（1）：56-57.

马超 . 2012. 德黑兰城市地理研究 . 重庆：西南大学 .

现代工商编辑部 .2015. 以色列特拉维夫市全球科技创新中心实践探析 . 现代工商（4）：18-21.

杨锴 . 2013. 我的护航 . 北京：海潮出版社.

张卫景 . 2014. 迪拜打造国际航空枢纽港的成功经验及特点，港口经济（5）：43-47.

Abido M. 2000a. Forest Ecology. Damascus，Damas（Syrie） University Press（in Arabic）.

Abido M. 2000b. Growth performance of Eucalyptus camaldulensis Dehn. Under irrigated and non-irrigated conditions. Damascus J Agric Sci 16：68-81（in Arabic）.

Balassa B. 1989. Comparative advantage，trade policy and economic development. Harvester Wheatsheaf.

FAO. 2008. The status and trends of forests and forestry in West Asia. Sub-regional report of the Forestry Outlook Study for West and Central Asia，Forestry policy and institutions working paper no. 20，Rome.

GORS. 1991. The study of soils and forests of coastal area using remote sensing techniques（Lattakia Governorate）. General Organization of Remote Sensing，Damascus（in Arabic）.